中国国际扶贫中心
IPRCC International Poverty Reduction Center in China

国际乡村发展与减贫研究系列成果
INTERNATIONAL RURAL DEVELOPMENT AND POVERTY REDUCTION RESEARCH SERIES

减贫与减灾的作用机制研究

主　编　谭卫平　杨　尽

副主编　徐丽萍

中国财经出版传媒集团

经济科学出版社
Economic Science Press

图书在版编目（CIP）数据

减贫与减灾的作用机制研究/谭卫平，杨尽主编.
—北京：经济科学出版社，2021.10
ISBN 978 - 7 - 5218 - 2840 - 5

Ⅰ.①减…　Ⅱ.①谭…②杨…　Ⅲ.①自然灾害 - 灾害
防治 - 关系 - 扶贫 - 研究 - 中国　Ⅳ.①X43②F126

中国版本图书馆 CIP 数据核字（2021）第 180528 号

责任编辑：吴　敏
责任校对：郑淑艳
责任印制：范　艳　张佳裕

减贫与减灾的作用机制研究

JIANPIN YU JIANZAI DE ZUOYONG JIZHI YANJIU

主　编　谭卫平　杨　尽

副主编　徐丽萍

经济科学出版社出版、发行　新华书店经销

社址：北京市海淀区阜成路甲 28 号　邮编：100142

总编部电话：010 - 88191217　发行部电话：010 - 88191522

网址：www. esp. com. cn

电子邮箱：esp@ esp. com. cn

天猫网店：经济科学出版社旗舰店

网址：http://jjkxcbs. tmall. com

北京季蜂印刷有限公司印装

710 × 1000　16 开　12.75 印张　200000 字

2021 年 10 月第 1 版　2021 年 10 月第 1 次印刷

ISBN 978 - 7 - 5218 - 2840 - 5　定价：58.00 元

（图书出现印装问题，本社负责调换。电话：010 - 88191510）

（版权所有　侵权必究　打击盗版　举报热线：010 - 88191661

QQ：2242791300　营销中心电话：010 - 88191537

电子邮箱：dbts@ esp. com. cn）

《减贫与减灾的作用机制研究》

编委会

课题组成员

序　言

回顾人类发展史，灾害与贫困往往相伴而生。特别是 2020 年突如其来的新冠肺炎疫情与山洪、滑坡、泥石流等自然灾害相互叠加，给人民的生命财产和生产生活造成严重损失，因灾致贫返贫风险增大，严重阻碍了人们对美好生活的追求。减少并全面消除贫困是人类社会的共同使命，同自然灾害抗争是人类生存发展的永恒课题，减贫与减灾事关人民群众的生命财产安全，事关社会和谐稳定，是衡量执政党制度设计能力和领导能力的重要方面。

本书从贫困与灾害、减贫与减灾两个层面，对国内外相关研究进展进行了梳理；对灾害和贫困的特征及其关系进行了阐述，对我国因灾致贫返贫的典型案例进行了分析；从发达国家和发展中国家减贫与减灾的实践中总结经验与教训，从我国减贫减灾的发展历程认识中国特色社会主义制度的优越性；重新审视贫困与灾害问题，探究减灾与减贫的作用机理；从短期—中期—长期和微观—中观—宏观两个方面来研究减贫与减灾的作用机制，并提出对策建议。希望我们的研究能为巩固拓展脱贫攻坚成果、全面推进乡村振兴提供理论和政策参考，为国际减贫减灾交流与分享提供更多中国经验。

本课题由成都理工大学和中国国际扶贫中心共同完成。在此，感谢比尔及梅琳达·盖茨基金会对课题研究的资助，感谢比尔及梅琳达·盖茨基金会北京代表处、四川省高等学校人文社会科学重点研究基地"青藏高原及其东缘人文地理研究中心"对课题成果出版的支持。同时，本书在写作过程中得到了四川省人民政府研究室、九寨沟县人民政府、双湖县人民政府、甘洛县人民政府等的大力支持和帮助，也得到了四川省扶贫开发局、西藏自治区扶贫开发办公室、重庆市扶贫开发办公室、云南省人民政府扶贫开发办公室、甘肃省扶贫开发办公室的支持，谨在此深表谢意！

在减贫与减灾的作用机制研究的道路上我们不能有所懈怠，还需在理论和实践中进行更加深入的探索与发现，唯有继续耕耘，才能筑牢防灾减灾基础，助推乡村振兴。虽然本书为减贫与减灾的作用机制研究提供了借鉴与参考，但是由于时间紧迫，编者水平有限，本书存在不足甚至错误在所难免，敬请读者批评指正！

编委会

2021 年 6 月

目　　录

第一章 绪 论

第一节 研究背景

消除贫困是联合国 2030 年可持续发展议程涵盖的 17 个可持续发展目标之一，是全球的共同任务、共同目标，也是全人类的美好愿望。中国作为世界上最大的发展中国家，是低收入人口规模最大的国家之一，也是世界上自然灾害最为严重的国家之一。在长期解决低收入问题的理论总结和实践探索中，我国积极创新模式，逐步加大促进乡村发展的投入力度，走出了一条符合我国国情、彰显制度体制优势、成效明显的中国特色扶贫开发道路，创造了人类减贫脱贫事业的中国奇迹，为国际减贫脱贫事业作出了杰出贡献。

党的十八大以来，以习近平同志为核心的党中央高度重视扶贫开发工作，秉持以人民为中心的发展思想，把改善人民生活、增进人民福祉作为一切工作的出发点和落脚点；把到 2020 年实现消除绝对贫困、解决区域性整体贫困作为全面建成小康社会的底线任务；把减贫摆在治国理政的突出位置，作为实现"两个一百年"奋斗目标和中华民族伟大复兴的现实基础。在党中央、国务院的正确领导下，我国减贫脱贫事业取得了举世瞩目、世界公认的辉煌成就。反贫困是一个历史性命题，减贫脱贫是一个世界性课题。随着我国脱贫攻坚战略目标的实现，我国的农村工作重心已从解决绝对贫困转向巩固拓展脱贫攻坚成果同乡村振兴有效衔接，解决乡村低收入人口的民生问题仍将继续推进。近年来，各种频发的自然灾害给人们的生命财产及生存环境造成了破坏性影响，给社会经济发展带来了严峻挑战，也给乡村发展带来了严峻考验。新形势下，如何从防灾减灾的角度提出促进乡村发展的对策建议，是乡村地区科学应对灾害的新要求。

一、灾害是影响乡村发展的重要因素

回顾世界发展史，自然灾害、疾病疫情等始终伴随着人类社会的发展，造成了大量人员伤亡和重大经济损失（李玉恒等，2020）。灾害是制约乡村发展的重要因子，世界银行与全球减灾和恢复基金（GFDRR）的最新报告显示，极端自然灾害每年造成的经济损失达 5200 亿美元，迫使 2600 万人陷入贫困（Word Bank Group，2016）。2020 年 2 月，联合国粮食及农业组织指出，年初暴发的"非洲沙漠蝗灾"袭击了多个国家，蝗虫能在一天内吞噬掉足够 35000 人食用的食物，对当地粮食安全和人民生计造成了前所未有的威胁，导致索马里和巴基斯坦等国宣布进入紧急状态。根据联合国 2020 年 7 月发布的数据，如果不对新冠肺炎疫情加以控制，会使世界解决多维贫困进展倒退 8—10 年。中国是世界上自然灾害最为严重的国家之一，近年来各省（自治区、直辖市）均不同程度受到自然灾害影响，50% 以上的人口分布在气象、地震、地质、海洋等自然灾害严重的地区，三分之二以上的国土面积受到洪涝灾害威胁。2015年，国务院扶贫开发领导小组办公室（简称国务院扶贫办）全国摸底调查结果显示，全国贫困人口中，因病致贫占 42%，因灾致贫占 20%，因学致贫占 10%，因为劳动能力弱致贫占 8%，其他原因致贫占 20%。可以看出，致贫因素中灾害位列第二，这还未计算因灾返贫人口（国务院扶贫开发领导小组办公室，2015）。2008 年"5·12"汶川地震导致四川、陕西和甘肃 3 省 51 个极重或重灾县贫困发生率由灾前的 30% 上升到 60% 以上，震后四川灾区困难家庭急剧增多，贫困发生率由灾前 11.7% 上升到 34.9%。中国扶贫基金会调研发现，2010 年西南大旱导致云贵桂渝 4 省（区、市）218 万人返贫，灾害导致贫困加深人数达 1632 万人（殷本杰，2017）。可以看出，灾害频发区与欠发达地区之间具有较高的地理空间耦合关系，灾害与乡村发展滞后容易形成恶性循环。

二、减贫与减灾相互作用

习近平总书记指出，同自然灾害抗争是人类生存发展的永恒课题。减灾研究是近年来灾害科学研究十分关注的研究方向。联合国国际减灾十年论坛上所总结的 16 条结论中首要强调：消除或减少贫困群体的数量，对促进社会减灾工作至关重要（史培军，2012）。减灾，具体包括灾害发生前的预警预防措施及机制、减少灾害带来的负面影响、灾害发生后的应急措施及应急机制、灾后重建及恢复发展。在乡村发展中，需要减少低收入家庭和欠发达地区数量，实现欠发达地区产业可持续发展、降低脆弱性，提升低收入家庭生计资产的积累能力，减少返贫的可能性。重构减灾与乡村发展的关系，需要以整体性治理思维来制定减灾与乡村发展策略，从而实现防灾减灾能力建设和乡村发展协同共赢。

三、中国进入了巩固拓展脱贫攻坚成果同乡村振兴有效衔接时期

减少并全面消除贫困是人类社会的共同使命。进入 21 世纪以来，中国农村的贫困格局已经发生了很大的变化，脱贫攻坚战加速了中国这一格局的演变。2021 年 2 月 25 日，习近平总书记在全国脱贫攻坚总结表彰大会上庄严宣告，经过全党全国各族人民共同努力，在迎来中国共产党成立一百周年的重要时刻，我国脱贫攻坚战取得了全面胜利，现行标准下 9899 万农村贫困人口全部脱贫，832 个贫困县全部脱贫摘帽，12.8 万个贫困村全部出列，区域性整体贫困得到解决，完成了消除绝对贫困的艰巨任务，创造了又一个彪炳史册的人间奇迹！中国实施精准扶贫战略、践行联合国可持续发展目标（SDGs）减贫目标，为全球可持续发展作出重要贡献（刘彦随，2017）。2020 年打赢脱贫攻坚战之后，中国将持续巩固拓展脱贫攻坚成果，做好同乡村振兴有效衔接，实现"三农"工作重心的历史性转移（国务院新闻办公室，2021）。但频发的各类自然灾害给我国巩固脱贫成果和全面推进乡村振兴带来了挑战。2020 年 6 月，江南、华南、西南多地发生洪涝和地质灾害，国务院扶贫办出台《国务院扶贫办关于及时防范化解因洪涝地质灾害等返贫致贫风险的通知》，对因洪涝地质灾害造成返贫致贫的群众，及时纳入监测帮扶，把灾害对贫困群众生产的影响降到最低（国务院扶贫办，2020）。防止"因灾致贫返贫"是巩固拓展脱贫攻坚成果的重要举措。

综上所述，灾害与乡村发展在因果逻辑和空间上均关系密切，减灾与乡村发展相互作用，在我国刚完成脱贫攻坚的关键时期，梳理当前国内外减贫和减灾政策及案例经验，探索未来乡村发展与减灾的机理和机制，并提出相关政策建议，具有重要的理论和现实意义。

第二节　研究目标与意义

一、研究目标

结合文献分析、实地调研和典型案例分析，系统研究灾害与低收入人口、减灾与乡村发展之间的内在机理，探索乡村发展和减灾的实现路径和长效机制，并为巩固拓展脱贫攻坚成果、全面推进乡村振兴提供理论和政策参考，也为国际减贫交流与分享提供更多中国经验。具体有以下三个分目标：

（1）分析 2020 年前灾害与贫困的内在关系，厘清各类灾害的致贫机理；从复杂繁多的灾害中挖掘出关键的致贫因子，并对灾害的可控性进行分析和分类；

（2）研究旨在综合多学科的研究成果，全面研究减贫与减灾的协同关系，结合典型案例研究，对减灾与减贫的作用机理进行分析归纳；

（3）探索不同灾害情境和发展水平下的减灾减贫实现路径和长效机制，将理论研究落到实践，突破减贫和减灾研究的瓶颈。在此基础上，梳理中国减贫与减灾工作中的经验和可推广模式，并提出对策和建议，助力乡村发展。

二、研究意义

（一）理论意义

就理论而言，减灾对减贫具有重要的理论意义。当前，国内外对减灾或减贫两方面的研究已取得较多成果，但对减灾与减贫之间的作用机制研究则非常少。我国乃至全球的贫困问题大多与自然灾害的发生有关，特别是 2020 年前确定的深度贫困地区大多位于自然环境恶劣、生态环境脆弱、自然灾害频发的地区（殷本杰，2017）。因此，当前研究亟须对这一问题进行理论上的梳理和探索。结合 2020 年前的国内外防灾减灾、灾害预警与减贫等方面的案例进行理论总结与提升，能够为全球自然灾害管理和减贫作出新的理论贡献。同时，减贫与减灾的相关研究属于管理学、经济学、社会学、灾害学等交叉学科的前沿研究领域，以实现可持续性减贫为最终目标，能够为乡村振兴的政策措施提供理论支撑。

（二）现实意义

根据国务院扶贫办 2015 年的调查结果显示，当时的贫困农民中因灾致贫的达到 20%。随着脱贫攻坚战略目标的实现，我国进入了巩固拓展脱贫攻坚成果同乡村振兴有效衔接的新发展阶段，提高已脱贫人口的稳定脱贫能力，逐步解决低收入人口发展问题，最终实现共同富裕是新发展阶段的工作重心。

针对气象灾害、地质灾害等不同类型的灾害，分析灾害与贫困的相互关系，探索灾害致贫机理，有助于增强防灾减灾能力，降低因灾致贫返贫风险；在保护群众财产和人身安全的同时，加强对因灾致贫的具体类型的研究，分析各类型的特征，制定对症下药的防灾防贫措施；根据减灾效应和减贫措施的总结，构建基于"减贫"目标的"防灾减灾"机制，以减灾的举措带动减贫，在有效应对灾害风险的同时，实现带动乡村发展，为我国今后乡村发展政策的制定和调整奠定基础，推动乡村全面振兴；深入分析典型地区"减贫""减灾"案例，为国际减贫事业发展提供中国经验。

第三节　国内外研究进展综述

一、国内外相关研究概述

为全面系统了解国内外相关研究进展，我们对中国知网期刊库和 Web of Science核心合集中的相关文献进行了检索、梳理和分析。检索时间为 1999 年 1 月至 2020 年 12 月，主题词为同时含有"灾害"（disaster）和"贫困"（poverty），以及"减灾"（disaster reduction）和"减贫"（poverty alleviation）的中英文期刊文献。其中，共收集含"灾害"（disaster）和"贫困"（poverty）的中文文献 1136 篇、英文文献 1844 篇，含"减灾"（disaster reduction）和"减贫"（poverty alleviation）的中文文献仅 14 篇、英文文献 56 篇，能够较为全面地刻画该领域的研究进展。

在研究该主题的中文文献中，气候变化、气象灾害、地质灾害、山地灾害等受到的关注较多，主要是从灾害对农业生产、农户收入和地区经济发展的影响角度来考量灾害的影响，并基于此提出扶贫减贫的路径。同时，民族地区、生态脆弱区的贫困问题也得到了一定关注。

该主题的英文文献主要来自环境学、发展学、经济学、气象学和地质学等领域。对英文文献进行主题聚类分析可以发现，生态系统服务、生计策略、灾后重建、危机管理、脆弱性等主题获得的关注较多。

总的来看，近年来"灾害—贫困"相关研究在国内外都获得了越来越多的关注，而"减贫—减灾"相关研究则相对较少。其中，有关灾害的研究以自然灾害为主，包括飓风、洪水、干旱等在内的气象灾害，地震、泥石流、崩塌滑坡等在内的地质灾害。研究区域主要为农村地区、生态脆弱地区和民族地区，切入点是农户收入、生计资产等经济视角，近年来也逐渐开始关注环境和社会层面，比如脆弱性研究。

二、贫困与灾害研究现状

政府间气候变化专门委员会（IPCC）将灾害定义为："由于危险事件与脆弱的社会条件相互作用而导致社区或社会的正常运作发生巨大变化，这种变化会对人类、物质、经济或环境产生大范围不利影响，需要及时应急管理响应，并可能需要外部支持才能恢复"（IPCC，2012）。贫困是指个人或家庭在经济上不具备负担基本生活必需品的条件（Hagenaars and van Praag，1985）。贫困还包括社会排斥、机会短缺或公共服务缺乏等超越经济层面的多维度短缺，以及脆弱性强或容易暴露于风险之中（Sen，1982；UNDP，2010；World Bank，2000）。贫困不仅包括个体贫困，还包括地域贫困（Zhou et al.，2019）。影响贫困的因素包括自然资源不足、基础设施和公共服务落后、交通条件恶劣、生态环境脆弱、自然灾害频发等（Barbier，2010；Dasgupta et al.，2005；Liu et al.，2017；Watmough et al.，2016）。随着对贫困原因的进一步细分发现，我国农户因灾致贫的比例高达20%，还不包括因灾返贫的比例。精准扶贫的核心就是以致贫返贫原因为导向，而要解决因灾致贫返贫的问题，就必须探究灾害和贫困的关系，这样才能对症下药，取得稳固的减贫效果。

（一）因灾致贫返贫

20世纪90年代以来，世界经济社会发展极大地推进了人类减贫事业，然而自然灾害、战乱、气候变化、经济波动等因素严重制约了全球可持续减贫进程（李玉恒等，2020）。研究显示，灾害会对国家、地区、家庭、个人等不同层面产生直接或间接、短期或长期的冲击和伤害，尤其是对发展中国家的农村家庭（Baez，2010；Gignoux，2016）。雷琴科和席瓦尔（Leichenko and Silva，

2014）指出，气候变化可能会加剧欠发达国家和地区的贫困现象。沃克
（Walker，2014）指出，干旱会使整个国家处于自然紧急状态，同时伴有经济
衰退，造成农村的普遍贫困。罗德里格斯等（Rodriguez et al.，2013）发现，
灾害会导致人类发展水平的显著下降和贫困水平的显著上升。阿鲁里等
（Arouri et al.，2015）发现，风暴、洪水和干旱这三个灾难类型均对家庭收入
和支出存在负面影响。贝兹等（Baez et al.，2010）指出，灾害可导致人力资
本大量枯竭，对受灾人的营养、健康和教育状况带来负面效应，并严重限制其
未来的创收能力。酒井洋子等（Sakai et al.，2017）还指出，灾害造成的资产
损失不仅会减少食品和非食品消费，还会严重恶化未来的收入来源。灾害的发
生加剧了贫困的深度和广度，造成农村贫困率上升，还可能由于脱贫人口因抵
御灾害能力弱而返贫，导致农村返贫现象严重（王国敏，2005；庄天慧等，
2010）。中国农村每年因灾返贫的人数超过 1000 万，一旦返贫，脱贫的难度就
更大，容易形成"灾害—贫困—更大灾害—更贫困"的恶性循环（谢永刚等，
2007）。此外，不贫困的家庭或个人可能会因为灾害带来的各种负面影响而陷入
贫困（Günther et al.，2009；Wan and Zhang，2009；Cao et al.，2016）。

（二）贫困受灾害的影响

纵观全球数据，灾害对中低收入地区和人群的负面影响更大。温斯米厄斯
等（Winsemius et al.，2018）对 52 个国家的洪涝和干旱灾害进行研究，发现
贫困国家、低收入人群往往更易暴露于灾害危险之中，特别是非洲许多国家。
有研究表明，自然灾害、疾病等因素导致撒哈拉以南非洲地区大量人口致贫，
重大自然灾害和疾病的发生将对衰落的乡村地区、贫困地区造成更大的影响
（The World Bank，2018）。克里希纳等（Krishna et al.，2018）指出，在 2015
年，亚太地区发生了约占世界 47% 的灾害，造成 16000 多人死亡，7000 多万
人受灾。该地区包括相当大比例的中低收入国家，是世界上最容易发生灾害的
地区。生活在贫困中的人更容易受到灾害的影响（Carter et al.，2007），他们
遭受的损失更多，获得公共和私人资产用以恢复生计的机会也最有限（Blaikie
et al.，1994；Peacock et al.，1997）。

贫困或处于不利地位会影响一个人在灾难中的经历，从风险感知到灾后重建
生活（Fothergill and Peek，2004），由于贫困，穷人不太可能为灾难做准备或者
进行撤离（Fothergill and Peek，2004）。灾难发生后，他们会面临家庭收入减少、

房屋损毁、财产损失（Gladwin and Peacock，1997）以及一系列的长期经济问题和身心健康问题（Carter et al.，2007；Dercon，2004；Galea et al.，2008）。对处于贫困深渊的家庭来说，自然灾害可能导致生产性资产的重大损失，这可能使他们陷入持续的贫困陷阱（Carter，2006），在没有外界援助的情况下，无法从灾害冲击中恢复（Cartera et al.，2007）。由于较少的储蓄、借贷门槛的设置或缺少社会保护，他们处理冲击的能力低于非贫困家庭（Highfield et al.，2014）。此外，对于灾后救援的研究发现，社会组织的增加往往会加剧贫困，原因是这些组织可能会在无意中使那些需求更迫切的贫困人群更加边缘化（Smiley et al.，2018）。

（三）灾害与贫困的空间耦合

贫困与地理环境之间的关系是贫困地理学理论研究的核心（周洋等，2020）。近年来，地理学者在贫困空间分布特征、贫困地理格局（周洋等，2019；李寻欢等，2020）等方面取得了积极进展，已有研究表明，贫困与地理要素相互影响、相互作用。丁文广等（2013）的研究表明，不同地理区域的灾害频发与贫困之间的耦合关系很强，且固有的高脆弱性等因素共同加剧了贫困程度，灾害与贫困易形成恶性循环。低收入人口往往集中在环境脆弱地区，这些地区大多自然条件恶劣、生态环境脆弱、灾害易发多发。张大维（2011）发现，在集中连片的少数民族贫困社区，灾害与贫困具有重合性和一致性；灾害、脆弱性、可行能力、贫困等要素间具有相对的继替性和循环性。贺倩静等（2013）对贵州省的研究发现，由于当地居民的生态意识薄弱，对自然资源的非理性开发也可能导致灾害的发生，出现人口与生态环境失衡的情况。贫困农户的生计极度依赖自然资源和生态系统服务，生态环境脆弱地带和贫困的地理分布呈现出高度耦合性（Barbier，2010），导致这些低收入人口长期以来无法走出因灾致贫返贫的恶性循环。这除了灾害本身的贫困效应外，还与致贫因子及孕灾环境的契合性密切相关（庄天慧等，2012）。一方面，低收入人口常常居住在更加边缘和更易受灾的地方，暴露在灾害中的程度更高；另一方面，低收入人口较弱的资源获得能力决定其灾害应对能力偏低（Anger，1999）。因此，灾害管理与长期扶贫战略必须要实现整合（黄承伟，2014）。

（四）贫困脆弱性

国内外不少学者将"脆弱性"引入本主题的相关研究。"脆弱性"指社会经济系统和自然环境对自然灾害影响的敏感度或从灾害影响中恢复的能力

（Blaikie et al.，1994），是自然环境和社会经济系统耦合的产物（曹永强等，2010）。脆弱性受敏感度和恢复能力两个因素的影响（商彦蕊，2000），并可能会因为年龄、性别、社会阶层和种族的不同而存在差异（Aptekar and Boore，1990；Morrow and Enarson，1998；Peacock et al.，1997）。

世界银行在2000年提出了"贫困脆弱性"的概念，用以描述家庭风险抵抗能力与未来贫困之间的关系（World Bank，2001）。李小云等（2005，2007）提出"生计脆弱性"的概念，认为灾害加剧了农户的生计资产的脆弱性，而脆弱的生计资产则又使农户在风险发生时不能及时采取有效的应对措施，导致农户的贫困形成循环且难以突破。李玉恒等（2020）认为，乡村地区不断受到外界环境变化的挑战，将会加剧乡村地区的不稳定性和脆弱性，大大降低乡村系统应对外界发展环境变化的弹性能力，导致乡村衰退，不利于实现农村贫困人口稳定脱贫，也将加大农户生计的脆弱性。施密特雷恩（Schmidtlein，2011）提出"社会脆弱性"，认为一般情况下，社会脆弱性越大的地区越贫困，灾后恢复面临的阻力也越大。

贫困是对家庭目前经济福利状况低于某一水平的事后测量（Dercon，2001），而脆弱性则具有前瞻性、预期性，是对家庭未来可能陷入贫困的事前预估（韩峥，2004）。虽然贫困并不一定意味着脆弱，脆弱也不代表今天的贫困，但普遍来讲，脆弱性是贫困的重要特征，贫困程度越高，脆弱性程度越大（韩峥，2004）。李伯华等（2013）认为，影响农户贫困脆弱性的主要因子是相对落后的经济状况、不完善的社会保障以及恶劣的自然环境。面对自然灾害时的脆弱性是减轻贫困和促进经济发展的主要障碍（Sawada，2007；Skoufias，2003）。胡家琪等（2009）对于自然灾害条件下农村贫困效应的案例研究表明，贫困户各类资产存量普遍较低、脆弱性较高的特征使贫困户在自然灾害打击下更易于遭受损失，陷入更加不利的状况，继而影响其灾后重建和恢复能力。

在对脆弱性的研究方法上，杨俊等（2014）以湖北宜昌为案例，分析了该地区的人口分布、地质灾害暴露、社会脆弱性及区域综合脆弱性。向华丽等（2015）基于可持续生计框架，构建了家庭脆弱性评估指标体系，并利用宜昌市入户调查数据，对灾害易发地区灾害发生频率高和低的两类家庭的脆弱性进行了实证分析。刘兰芳等（2002）和王婷等（2013）通过建立相应的指标体系测算灾体的脆弱性，用以了解区域脆弱性现状。李立娜等（2018）对496户农户进行实地调查，建立了农户生计脆弱性评估指标体系。

三、减贫与减灾研究现状

（一）减贫与减灾的作用机理研究

自然灾害与贫困密切相关，因此减贫和灾害管理是不可分割的。在减灾减贫治理框架层面，需要综合知识系统，从单纯依靠政府的自上而下的方法转变为自上而下和自下而上相结合的方法，加强脆弱社区内生性的应对机制（Srivastava，2009）。斯库菲亚斯（Skoufias，2003）认为，完善防灾减灾"安全网"机制和设计有效的公共风险管理、社会保护政策至关重要。布拉萨德（Brassard，2017）分析了灾害治理和减贫相关政策之间的协同效应，主张应该以人为本，提出更加综合性和预防性的灾害管理和决策方法。泽田康幸和高崎善人（Sawada and Takasaki，2017）提出了"灾害—贫困"关联的概念模型，整合了与自然灾害相关的五个特定因素：灾害管理、灾害损失、综合影响、灾害救援、灾后修复，并综合分析了各因素之间的关联。

减灾能力建设是大幅度减少灾害损失的主要途径之一（Hagelsteen and Burke，2016），减灾扶贫需要资金保障、技术保障、制度保障（张晓，1999），从灾害风险管理的全过程建立减灾与脱贫协同工作机制，做到灾前、灾中和灾后各阶段的管理与扶贫开发工作联动实施（殷本杰等，2017）。考虑到灾害频发、生态退化及贫困加剧的恶性循环（丁文广等，2013；王晟哲，2016），需要决策部门在生态治理、灾害风险管理及扶贫领域推行"灾害风险管理—生态恢复—生计改善耦合模式"，打破垂直管理的部门壁垒（丁文广等，2013）。

（二）减贫与减灾的作用机制研究

在具体措施层面，斯里瓦斯塔瓦（Srivastava，2009）探讨了印度在灾害管理工作中，如何使用空间技术来减轻农村贫困。拉亚马吉和博哈拉（Rayamajhee and Bohara，2019）在对尼泊尔2015年的7.8级地震的震后应对调研发现，需要通过市场和非市场机制扩大家庭灾后应对战略选择。泽田康幸和高崎善人（Sawada and Takasaki，2017）探讨了如何构建保险体系来进行事前的风险管理和事后的应急管理。殷洁等（2013）构建了适合区域成灾特点的风险评估指标体系。周扬等（Zhou et al.，2015）构建了中国的灾害风险指数，提出减少自然灾害脆弱性和人群暴露将是减轻灾害风险的有效措施。张国培等（2010）

分析了自然灾害对农户贫困脆弱性的影响后发现，保持水土、增加绿化面积和提高低保户比重可有效抵御旱情风险和缓解贫困。邹蔚然等（2016）对湖北长阳县和秭归县的贫困成因计量分析表明，农户如果对地质灾害足够重视，积极防备，则可以极大地降低地质灾害的影响。程静等（2017）以三峡移民库区为例，基于可持续生计框架，提出人力资本和心理资本是减贫的重要影响因素，因此劳动力技能培训和心理干预是减贫的重要手段。杜震（2017）从脱贫提质的政策配套视角探讨应对农业灾害脆弱性问题。黄承伟（2014）探索了灾害管理与专项扶贫模式结合的有效路径。彭腾（2013）认为，我国现阶段的农村居民因灾返贫问题主要源于自然灾害频发、抗灾能力较弱和灾害救助不足，因此必须通过保护与修复自然环境来防灾，推进生态移民及城镇化来避灾，加强基础设施建设来抗灾，以及完善农业保险救助体系来救灾。

从应对具体灾害类型的机制来看，移民贫困也与生态环境和地质灾害因素密切相关（李文静、帅传敏，2017），借助系统动力学探讨生态环境、地质灾害和移民贫困的互动机制，可进一步促进贫困地区可持续发展（Cheng et al.，2018）。气象灾害会直接或间接地加剧贫困（张钦等，2016），应建立气候变化与贫困减贫的监测评估体系，统筹适应气候变化资金整合渠道（林霖、陈楠，2018）构建区域性减灾防范机制，为贫困农户提供气象灾害保险和气象信息支持，强化贫困人口稳定脱贫的能力（杨浩等，2016）。

综上所述，国内外学者对于贫困和灾害的关系等方面的研究取得了较丰硕的成果，为我国减灾减贫工作的开展提供了重要参考，但仍然存在一些不足。一是防灾减灾与扶贫减贫是高度重叠的治理场域，且对减贫减灾进行综合治理的理念也提出多年，但在具体的实践过程中，减贫与减灾仍然处于"机械式团结"的状态，缺乏有效协调；二是当前的减贫工作对防灾减灾的操作大多停留在灾害的自然属性上，忽视了减贫和减灾工作共有的社会属性；三是当前研究中往往忽视了灾害的可控性和不可控性对贫困的影响，少有减贫减灾方面的具体案例分析，缺乏减贫与减灾的作用机理、作用机制等方面的研究。在巩固拓展脱贫攻坚成果同乡村振兴有效衔接的新时期，充分解析 2020 年以前灾害与贫困的特征及其相互关系，梳理国内外减贫与减灾经验和典型案例，研究减贫与减灾的内在机理，探索减贫与减灾的作用机制，有利于重塑减灾与减贫的关系，促进减贫减灾工作从碎片化管理走向协同治理，并演化为各级政府和广大公众的思想共识和自觉行动，通过多维合力，从根本上阻断因灾致贫返贫的生成渠道，实现减贫与乡村发展的互促共赢。

第四节　研究框架和主要研究内容

本书的研究框架如图 1.1 所示。

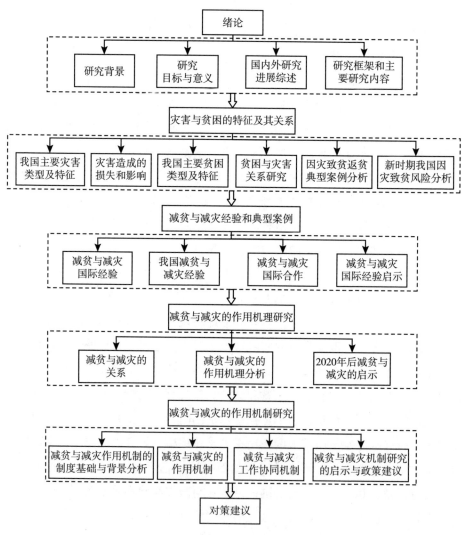

图 1.1　研究框架

本书的主要内容概括如下：

第一章 绪论。分析了减贫与减灾的研究背景、研究目标和意义；对 2020 年以前贫困与灾害、减灾与减贫的国内外研究进展进行了文献综述，指出了减贫与减灾研究的趋势；对研究框架及主要内容等进行了简要阐述。

第二章 灾害与贫困的特征及其关系。本章详细介绍了灾害与贫困的特征及其关系。

（1）主要灾害类型及特征。根据《自然灾害分类与代码》（GB/T 28921—2012）等，将自然灾害分为气象水文灾害、海洋灾害、地质地震灾害、生物灾害和生态环境灾害，人为灾害分为交通事故灾害、环境污染灾害、火灾、核灾害、卫生灾害、矿山灾害、爆炸灾害等。在此基础上，分析了主要灾害的特征，对其可控性进行了划分。

（2）近年来灾害造成的损失和影响。根据《中国统计年鉴》和《中国环境统计年鉴》等，统计分析了近年来洪涝灾害、地震、旱灾、台风、风雹、低温冻害和冷冻、地质灾害等主要自然灾害造成的总体损失，研究了九寨沟地震、甘洛洪涝灾害、双湖雪灾以及新冠肺炎四个典型灾害对受灾区域的影响。

（3）我国存在的贫困类型及特征。贫困类型多种多样，从贫困程度，可分为绝对贫困、相对贫困；从发展角度，可分为生存型贫困、温饱型贫困和发展型贫困；从贫困状况持续时间，可分为过渡性贫困和持续性贫困；从贫困范围，可分为区域型贫困和个体型贫困；等等。随着经济社会发展和 2020 年底脱贫攻坚战的全面胜利，中国贫困问题的总体形势发生了变化，由消除绝对贫困转变为当前的巩固拓展脱贫攻坚成果和全面推进乡村振兴。本书主要从致贫原因、减贫速度、低收入人口空间分布等方面分析了我国 2020 年以前贫困的主要特征。

（4）贫困与灾害关系研究。2020 年以前，我国低收入人口分布与灾害频发区域呈现高度"地理耦合性"，灾害与贫困问题关系密切。随着灾害的承灾体增加，致灾因子、不可控因素越来越多，减贫与减灾面临的困难也将更加突出。本书从"地理空间耦合性"角度，以地质灾害为例，研究地质灾害与贫困的耦合关系；从贫困与灾害的空间分布、相互作用等方面研究贫困与灾害的关系；对四个典型案例的因灾致贫风险进行分析。

第三章 减贫与减灾经验和典型案例。本书全面总结国内外减贫减灾政策和经验，借鉴发达国家完善的制度体系和全方位治理措施，总结发展中国家减灾减贫的措施和经验；梳理了2020年以前我国不同发展阶段减贫减灾政策进程；搜集减贫减灾典型案例，分别分析了我国应对地震、雪灾、洪涝灾害和新冠肺炎疫情的减灾减贫做法和经验，为今后相关政策部署提供参考；梳理了减贫减灾国际合作的发展历程，剖析减贫减灾国际合作典型案例，总结当前国际合作的经验教训，为未来乡村发展与防灾减灾国际合作提供新视角。

第四章　减贫与减灾的作用机理研究。我国灾害类型繁多，致灾机理不一，对承灾体损毁程度各异，2020年以前灾害所导致的贫困深度也存在显著差异。研究灾害的致贫机理，是寻求未来减贫减灾有效治理之术的关键。本书从贫困与灾害、减贫与减灾的概念和关系出发，重新审视和反思贫困与灾害问题，探究减灾与减贫的作用机理，探索减贫与减灾的内在关联和逻辑。

第五章　减贫与减灾的作用机制研究。本章详细介绍了减贫与减灾的作用机制。

（1）减贫与减灾作用机制的制度基础与背景分析。灾前防灾减灾、灾中应急救灾、灾后恢复重建和恢复发展是三个相互递进、互为依托的可循过程，减灾与减贫体制机制要以减贫统筹减灾、减灾促进减贫为目标。本书重点从我国现行减灾基本制度框架、现行减贫基本制度框架和现行减贫与减灾协同体制三个方面开展研究。

（2）减贫与减灾的作用机制。由于灾害和贫困地域空间耦合性、低收入人口自身的脆弱性、欠发达地区发展的滞后性，以及区域和个人层面的抗灾能力均相对不足，灾害的发生严重制约了乡村发展。从直接关系视角分析减灾与减贫的直接联系，探究减灾与减贫之间的作用机制，通过减灾来直接避免因灾致贫返贫。结合实际案例，分析当前减贫减灾体制机制的效果，将减贫与减灾作为一个整体，从"减灾—减贫"和"减贫—减灾"两个层面，分析减贫与减灾的作用机制、协同机制，并提出建议。

（3）减贫与减灾工作协同机制。减贫与减灾问题的实质就是阻断产生贫困的渠道，从而避免因灾返贫，逐步实现乡村振兴。新时期，政府仍将是减贫与减灾的主导力量，无论是战略还是政策，都自上而下地影响着减贫和减灾的发展方向。因此，在不同类型灾害的致贫机理、减贫与减灾的作用机制研究基础上，需要在协同实施欠发达地区科学发展战略、减灾助力减贫措施、社会保障和救助体系的构建、减灾与减贫的国际合作、灾害风险管理体系建设和政府部门施政策略等方面开展相关政策研究，为政府提供对策建议，从而提高低收入人口持续稳定脱贫的能力，发挥合力作用，从多方面阻断灾害导致贫困的渠道。

第六章　对策建议。减灾与减贫存在内在关联性，目标一致性，可相互驱动、互促共赢。面对当前我国减贫减灾情况，结合今后减贫与减灾的新特征和面临的新问题，亟须转变治理理念、改革管理体制，实现协同共治是减贫减灾的实现路径和长效机制。要加快建立减灾减贫协同与共享机制，完善防灾防贫的监测预警机制，建立灾后心理干预机制，加强多灾地区人员防灾减灾知识普及与教育等。

第二章 灾害与贫困的特征及其关系

第一节 我国主要灾害类型及特征

一、主要灾害类型

灾害发生的过程很复杂，有时候一种灾害可由几种灾害因子引起，或者一种灾害因子会同时诱发几种不同的灾害，进而形成灾害链。因此，灾害类型的确定要根据起主导作用的灾害因子和其主要表现形式而定。根据导致灾害发生的各个致灾因子来源及特性，灾害可分为自然灾害和人为灾害。

（一）自然灾害

自然灾害是指由自然因素造成人类生命、财产、社会功能和生态环境等损害的事件或现象（国家质量监督检验检疫总局，2011）。自然灾害的分类比较复杂，基于研究角度的不同，可以从灾害的成因、机理、现象、状态、受灾区域、灾害波及范围、灾害持续时间、灾害发生顺序和相互关系、灾情轻重和灾害对产业的影响等方面进行划分。例如，从灾害波及范围角度可划分为全球性灾害、区域性灾害和微域性灾害；从灾害持续时间角度可划分为突发性灾害、持续性灾害、季节性灾害、周期性灾害和偶发性灾害；从自然灾害的属性视角可分为自然灾害、自然人为灾害和人为自然灾害等（金鑫，2015；闫峻，2008）。

目前，常见的灾害分类方式是从灾害的成因角度进行划分，根据《自然灾害分类与代码》（GB/T 28921—2012），我国将自然灾害分为 5 大类 40 种自然灾害。5 大类分别是气象水文灾害、海洋灾害、地质地震灾害、生物灾害和生态环境灾害。其中，气象水文灾害主要包括干旱、洪涝、台风、冰雪等，海洋灾害主要包括风暴潮和海啸等，地质地震灾害主要包括地震、火山、泥石流、滑坡等，生物灾害主要包括植物病虫草害和疫病等，生态环境灾害主要包括水土流失、风蚀沙化、盐渍化等（张宝军，2013；国家质量监督检验检疫总局，2012）。

（二）人为灾害

人为灾害是指人类社会系统或自然社会综合系统运动发展的一种极端表现形式，是人为因素给人类、自然社会带来的危害。人为灾害的产生或是由于突破了人们的心理、生理极限，或是由于个人及社会行为的失调，或是由于人类对自身及其生存环境缺乏认识而造成的。因此，人为灾害的发生并不都是必然的、客观的、不可避免的，它的产生及其预防取决于人类和人类活动本身。

人为灾害包括交通事故灾害、环境污染灾害、火灾、核灾害、卫生灾害、矿山灾害、爆炸灾害等。其中，交通事故灾害是最常见的人为灾害，包含公路铁路交通事故、航空事故、海事事故等；火灾包含城市火灾、工业火灾等；环境污染灾害包括水污染、大气污染、海洋污染、农药污染等；矿山灾害包含矿井崩塌、瓦斯爆炸、煤层自燃、冒顶等。

二、主要灾害特征

中国灾害类型多，在形成发展和时空分布上都具有显著的特征。总体上具有以下特点：一是灾害种类多、强度大；二是具有韵律性和群发性；三是具有广泛性与区域性；四是具有频繁性和不确定性；五是具有联系性和制约性；六是具有不可避免性和强破坏性（李燕芳，2017；国家统计局，1995）。

（一）主要灾害总体时空分布特征

1. 时间分布

从灾害在一年中发生的规律来看（见图2.1），旱灾多发于春季和夏季；洪涝灾害多发于春、夏、秋三季；台风灾害多发于夏季、秋季；滑坡、泥石流等地质灾害较多发生于春夏两季；地震灾害在一年中都可能发生；低温冷冻、雪灾、寒潮多发生于春季和冬季；森林火灾多发于春季；风雹灾多发生于春、夏、秋三季。

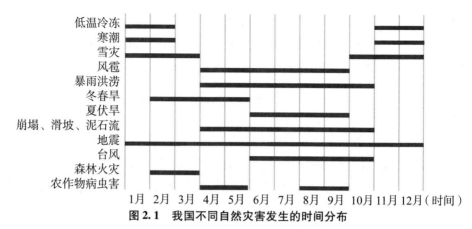

图 2.1　我国不同自然灾害发生的时间分布

资料来源：根据国家减灾网内容整理。

2. 空间分布

根据《中国环境统计年鉴》《中国气象灾害年鉴》等资料统计我国近年来自然灾害的发生情况后发现，各种自然灾害呈现出较明显的地域分布特点（见图2.2），地震灾害受灾较多的地区是四川、云南、新疆等地；地质灾害在云南、四川、重庆等西南地区较为常见；台风灾害主要集中于广东、浙江、福建等东南沿海地区；旱灾、洪涝灾害总体呈现出南涝北旱的特征，即旱灾分布在西北、黄淮海区等地，涝灾分布在四川和长江中下游等地；雪灾、低温冷冻多发于山西、内蒙古、西藏等地；风雹灾害主要分布在新疆、河北、山东等地。

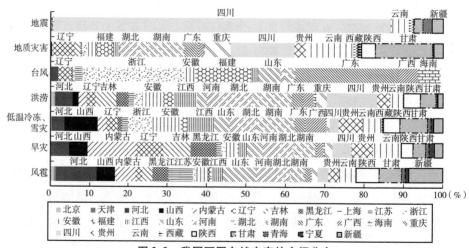

图 2.2　我国不同自然灾害的空间分布

资料来源：2004—2018 年《中国统计年鉴》《中国环境统计年鉴》《中国气象灾害年鉴》。

（二）气象水文灾害特征

我国气候类型多样，各种气象水文灾害时有发生，具有灾害种类多、范围广、频率高、灾情重、持续时间长及群发性突出等特点。

1. 干旱灾害

在众多气象水文灾害中，干旱灾害是突出的世界性问题。干旱具有持续性和地域性的特点，在我国主要分布在华北、西北、黄淮海区等地，包括冬春旱和夏伏旱。严重的干旱灾害导致农作物缺水减产，甚至绝收，人畜饮水得不到保障，造成生态环境恶化，影响受灾地区经济发展和社会稳定。如 2015 年 5 月至 7 月，云南多地持续出现高温少雨天气，干旱造成昆明、玉溪、楚雄等 7 市（自治州）39 个县（市、区）418.2 万人受灾，125.5 万人因旱需生活救助，其中 98.8 万人饮水困难；农作物受灾面积达 417.8 千公顷，其中绝收 59.4 千公顷；83.5 万头（只）大牲畜饮水困难；直接经济损失达 15.9 亿元（新华网，2015）。

2. 洪涝灾害

在我国气象水文灾害造成的经济损失中，洪涝灾害所占比重较大。洪涝灾害主要分布在我国东南部，集中分布在长江和黄淮河流域，具有集中于汛期雨季、影响范围广、突发性强、发生频繁、破坏力大、危害性突出的特点。强降水使得水位急涨，引起山洪暴发、河水泛滥，导致城市内涝、田地淹没、农业设施毁坏、牲畜死亡，造成农作物的减产，甚至绝收。洪涝灾害的受灾成灾率高，造成损失巨大，严重影响着我国农牧渔业的生产和发展。如 2020 年 7 月，长江、淮河流域连续遭遇 5 轮强降雨袭击，引发严重洪涝灾害，造成四川、江西、重庆、贵州等 11 个省（区、市）3417.3 万人受灾，99 人死亡，8 人失踪，299.8 万人紧急转移安置，144.8 万人需紧急生活救助；3.6 万间房屋倒塌，42.2 万间房屋不同程度损坏；农作物受灾面积达 3579.8 千公顷，其中绝收 893.9 千公顷；直接经济损失达 1322 亿元（应急管理部救灾和物资保障司，2020）。

3. 低温冷冻和冰雪灾害

低温冷冻和冰雪灾害均是由冷空气活动引起的区域性强烈降温。强冷空气入侵，阻碍农作物的正常生长、发育及成熟，影响粮食作物的产量和质量，造成农业大幅减产；持续低温还造成路面、水面及基础设施凝冻结冰，对交通、电力、通信等系统造成损害，严重影响人畜生存与健康。如 2008 年我国 19 个省（区、市）出现了50年一遇的冰冻雨雪天，造成南方省份大范围受灾，直接经济损失达1696亿元之多（国家统计局，2009）。2017年3月，西藏自治区日喀则、山南等地的部分地区遭遇暴风雪，雪灾造成2万人受灾，群众饮用水源冻结，因灾死亡牲畜近3.8万头，直接经济损失达1500余万元，对依靠放牧为生的农牧民家庭经济造成了沉重打击（中国新闻网，2017）。

（三）地质地震灾害特征

地质地震灾害是指由地球岩石圈的能量强烈释放剧烈运动或物质强烈迁移，或是由长期累积的地质变化，对人类生命财产和生态环境造成损害的自然灾害（国家质量监督检验检疫总局，2012）。中国地质地震灾害种类繁多，具有人员伤亡重、经济损失大、基础设施损毁严重的特点。

1. 地震灾害

我国地震活动频度高、强度大、震源浅、分布广，是世界上遭受地震灾害最严重的国家之一。地震灾害在我国西南、西北地区发生次数最多，华北地区次之，具有突发性强、破坏性大、难以预测和易引发次生灾害的特点。地震灾害造成的社会影响远比其他自然灾害广泛、强烈，地震不仅导致大量的人员伤亡、房屋倒塌、基础设施毁损和巨大的经济损失，诱发的滑坡、火灾、瘟疫、核泄漏等次生灾害更是加重了灾害的严重程度。如2008年"5·12"汶川地震共造成69227人死亡，374643人受伤，17923人失踪，直接经济损失达8452.15亿元（国务院新闻办公室，2008）。2013年"4·20"芦山地震造成200多万人受灾，196人遇难，21人失踪，13484人受伤，农村住房倒塌18.63万间、严重受损43万间，公路、桥梁、水库等受到不同程度破坏，造成了巨大经济损失和生态环境破坏（中国新闻网，2013）。2017年"8·8"九寨沟地震严重破坏居民生活所需的物质资产，地区生产总值比2016年减少14241万元，原定于2017年底"退出摘帽"计划推迟到2018年。

2. 地质灾害

崩塌、滑坡、泥石流是最常见的三大地质灾害，以滇、川、黔、鄂、陕、陇、渝等省市受灾最严重（如"8·20"汶川县耿达镇特大山洪泥石流、"6·24"茂县叠溪镇高位滑坡），具有类型多、频率高、分布广、危害重的特点。崩塌是陡崖前缘的不稳定部分，主要在重力作用下突然下坠滚落，对人类生命财产造成损害的自然灾害（国家质量监督检验检疫总局，2012）。滑坡是斜坡部分岩（土）体在重力作用下发生整体下滑，对人类生命财产造成损害的自然灾害（国家质量监督检验检疫总局，2012）。泥石流具有爆发突然、能量巨大、冲击力强、破坏性大等特点，经常会堵塞河道、摧毁村庄、破坏森林、毁坏农田和道路设施，对农业生产、农村生活以及生态环境造成极大危害。如2010年8月7日甘肃舟曲发生特大泥石流灾害，根据抢险指挥部发布的数据，截至2010年8月22日，灾害造成1435人遇难，330人失踪，72人受伤住院，累计门诊人数达2092人，给人民的生命财产安全带来了巨大的危险（中国新闻网，2010）。2017年6月24日四川省阿坝州茂县叠溪镇新磨村发生高位滑坡，65户农房被完全淹没，导致重大人员伤亡、财产损失和资源环境破坏，给群众的生存和发展造成威胁，加剧了其贫困程度（央广网，2017）。

从近年来我国地质灾害的空间格局来看（见表2.1），胡焕庸线东南部的地质灾害密度更高，发生地质灾害的次数高达203904次，占80.50%；西北部灾害密度相对较低，总共发生地质灾害24357次，占9.62%；胡焕庸线穿过及邻近的县区总共发生地质灾害25040次，占9.89%，可见胡焕庸线符合地质灾害密度分界线。就县均地质灾害次数来看，胡焕庸线穿过及邻近区县县均发生地质灾害154.57次，明显高于东南部的124.03次和西北部的82.85次。

表2.1　　　　　　　　　　我国地质灾害空间分布统计

位置	灾害点数	县均灾害次数（次）
胡焕庸线西北部	24357	82.85
胡焕庸线东南部	203904	124.03
胡焕庸线及邻近区域	25040	154.57
1. 穿过的区县	9720	176.73
2. 邻近区县	15320	143.17

资料来源：中国科学院资源环境科学与数据中心。

（四）生物灾害特征

生物灾害是有害生物对农作物、林木、养殖动物及设施造成损害的自然灾害（国家质量监督检验检疫总局，2012）。生物灾害具有持续时间长、易受天气异变影响，对农牧渔业影响巨大，威胁人类生命安全与身体健康，破坏环境和生态平衡等特点，包括疫病灾害、植物病虫害、鼠害、草害、森林（草原）火灾等。

1. 疫病灾害

疫病灾害是动物或人类因微生物或寄生虫引起，突然发生的重大疫病，且迅速传播，导致发病率或死亡率高，给养殖业生产安全造成严重危害，或者对人类身体健康与生命安全造成损害的自然灾害（国家质量监督检验检疫总局，2012）。疫病灾害具有难预测、发病急、持续时间长、传染性强和对社会危害严重的特点。如 2002 年发生的重症急性呼吸综合征（SARS）事件，截至 2003年 8 月 16 日，中国内地累计报告病例 5327 例、死亡 349 例；中国香港 1755例、死亡 300 例；中国台湾 665 例、死亡 180 例；国外累积 552 例、死亡 59例（高晓东等，2016）。2020 年新冠肺炎疫情在全球蔓延，根据世界卫生组织公布的数据，截至 2021 年 2 月 26 日，全球累积确诊病例 113543215 例，死亡2519335 例，其中美国累计确诊病例 29052262 例，死亡 520785 例，中国累计确诊病例 101802 例，死亡 4843 例（WHO，2021）。在全球疫情防控形势愈加复杂严峻的情况下，中国新冠肺炎疫情防控工作取得了显著成效，彰显了中国共产党的领导和中国特色社会主义制度的显著优势。

2. 植物病虫害

植物病虫害主要指农作物病害和虫害，随着气候的变化和水旱灾害的增多，农作物病害有加重的趋势，具有种类多、影响大、危害速度快、损失程度重，并时常暴发成灾的特点。粮食遭受病虫害，常常造成粮食播种面积减少和产量下降，从而直接导致粮食减产减收，对国民经济，特别是农业生产造成重大损失。如 2020 年东非遭遇严重蝗灾，威胁到整个地区的粮食安全，沙漠蝗虫灾害从非洲侵袭到南亚，影响全球多地的粮食产量（国际在线，2020）。

总的来看，我国的自然灾害种类多、危害重，对人民生命财产和社会经济造成严重影响，不同自然灾害呈现出明显的地域性和时间差异性。气象水文灾害具有影响范围广、持续时间长、群发性等特点，地质地震灾害具有破坏性强、规模大、危害重等特点，生物灾害具有易受天气异变、危害大等特点。另外，还有风暴潮、海冰等海洋灾害，水土流失、盐渍化等生态环境灾害，其造成的影响也较深远和严重。

三、主要灾害可控性分析

自然灾害极具破坏性，由于不可控与难预测，对人类的生存环境经常造成毁灭性的打击。从灾害自身特点和人类对自然灾害预测预防的情况来看，可划分为可控自然灾害和不可控自然灾害。大部分自然灾害的诱因多，具有不可预见和可控性低等特点，如地震、干旱、雪灾等，也有小部分自然灾害是可控可防的，如疫病、流行病等。根据灾害的成因、发展过程、人为可干预程度等，人类对自然的灾害的可控程度各不相同（见表2.2）。

表 2.2 　　　　　　　　　**主要自然灾害可控性分析**

灾害类型	可控性程度		灾害特点		
	可控灾害	不可控灾害	自身特点	预测性	监控性、预防性
疫病灾害	○	▲	突发性强，持续时间长	难预测	可监控，部分可预防
植物病虫草鼠害	√		扩散快，持续时间长	难预测	可监控，可预防
水土流失	√		持续时间长，影响广深	可预测	可监控，可预防
沙漠化	√		持续时间长，影响广深	可预测	可监控，可预防
盐渍化	√		持续时间长，影响广深	可预测	可监控，可预防
石漠化	√		持续时间长，影响广深	可预测	可监控，可预防
地震		√	灾害源不可控，突发性强，破坏力大	难预测	难监控，可预防
滑坡	▲	○	灾害源不可控，突发性强，破坏力大，隐蔽性	难预测	部分可监控，部分可预防
泥石流		√	灾害源不可控，突发性强，破坏力大，隐蔽性	难预测	部分可监控，部分可预防
崩塌	▲	○	灾害源不可控，突发性强，破坏力大，隐蔽性	难预测	部分可监控，部分可预防
台风		√	灾害源不可控，突发性强，破坏力大	可预测	可监控，部分可预防
干旱	▲	○	灾害源不可控，持续时间长	难预测	可监控，可预防

续表

灾害类型	可控性程度		灾害特点		
	可控灾害	不可控灾害	自身特点	预测性	监控性、预防性
洪涝		√	灾害源不可控，突发性强，破坏力大	难预测	可监控，可预防
冰雪灾害		√	灾害源不可控，持续时间长，范围广	难预测	可监控，可预防
低温冷冻		√	灾害源不可控，持续时间长，范围广	难预测	可监控，可预防
风雹灾害		√	灾害源不可控，破坏力大	难预测	难监控，部分可预防

注：√＝单一；○＝为主；▲＝部分。

（一）可控自然灾害

可控自然灾害指人类对其形成和发生过程能进行较好的监测和预防，进而减轻其危害性的自然灾害，该类自然灾害多为缓变性灾害，通过人为干预，能有效防止灾害发生或降低其危害程度（王红霞，1997）。可控自然灾害一般具有持续时间长、危害范围深广、可以监测预防等特点。通过政府和社会的协同努力，可以实现预防或将危害控制在较小范围，如疫病、植物病虫草鼠害、水土流失、沙漠化、石漠化、酸雨等。

可控自然灾害的持续时间较长，是在致灾因素长期发展的情况下，逐渐显现成灾的，其灾害的扩散一般是从局部到整体，由慢而快，呈加速度扩散的趋势，能较好地进行预测预防和监控。在灾害传播过程中会呈现出地域差、时间差的特征，利用这个差距，政府和社会可以采取有效防控措施，或加强灾害监测预防，或调动应急资源对当前危机进行干预，阻断传播途径，阻止灾害由一个区域向其他区域蔓延。对于可控自然灾害，需要及早发现、及早防治，社会各界应保持信息流的畅通，在灾害发生的第一时间做出有力的反应，加强灾害管理，统一规划，做好预防、管护、治理工作，不能任由其发展下去，加速恶化。

（二）不可控自然灾害

不可控自然灾害指人类对其形成和发生过程难以预测或控制，一般具有突发性、瞬时性、破坏性、隐蔽性、不准确性、难监测、影响范围广等特点。大部分自然灾害都具有不可控的特征，常见类型有地震、滑坡、泥石流、台风、海啸、洪涝、火山爆发等。

其不可控因素体现在以下几个方面：

1. 灾害源具有不可控性和随机性

这类灾害的发生主要由自然作用引起，如地震、崩塌、滑坡、泥石流等灾害与地壳运动、地质构造活动、地形地貌、断裂构造、地层岩性等因素有关，干旱、洪涝、冰雪、低温冷冻等灾害与降雨、气温有关，而地质构造、降雨、气温等诱发灾害的自然因素具不可控性与随机性。人类还无法完全控制或干预天气，对其成灾规律目前难以准确把控，对该类灾害形成和发生的可控程度较低。

2. 灾害突发性、瞬时性强，来不及反应

灾害受外界因素（如强降雨、地震等）的触发而突然发生，其过程极为短暂，事前并无可直接观测和感知到的前兆。其突发性对人民生活和工程建设带来极大的潜在威胁，让人防不胜防，如地震、泥石流、洪涝等灾害的发生突然，过程迅速，使得人们来不及逃生避难。

3. 灾害破坏力强，人力难以抵御

尽管能提前预测台风、暴雨等灾害发生的时间、地区，以及降雨量和风速等，但同地震等灾害一样，由于破坏力强，造成的危害十分严重，即使提前做好预防措施，仍较难控制其破坏力，或者控制其发生的代价过高，使得人们难以抵御。

4. 灾害隐蔽性以及防控技术水平的限制，导致难以预测预报灾害发生的时间和位置

因对成灾规律的认识水平有限和应急预警手段的缺乏，如何精准预警一直是难点，普遍存在过度预警或预警不及时的现象。气象水文灾害中关于降雨和气温的时空预测已经较为准确，但地质地震灾害类的预测预报仍是一个世界性的难题，大多只能做到中长期预报，对于瞬发性的灾害缺乏及时性和准确性，如预测地震具体发生的时刻、地点、震级和对地震的认知水平还有待进一步提

高。受植被、冰雪覆盖和高海拔位置影响，滑坡、泥石流等自然灾害的形成条件、发育迹象和发生部位极为隐蔽，绝大多数地质灾害无法在灾前被及时发现，因而使得灾害发生的空间预测困难。

灾害隐患多具有突发性、隐蔽性、随机性等复杂特点，导致在灾害预测上"看不全、看不清、看不准"，极大地增加了主动防范和监测预警的难度。虽然这类灾害不可控，但在一定程度上可以预防。首先，需要加强对灾害规律的认识和成灾机理的研究，进一步改进和完善当前的预报系统，设置监测预警机制，以便及时报告危机、疏散人员、进行灾后救护等。其次，从降低灾害危险性的角度入手，降低灾害风险，以各类工程治理措施为主，通过预防性工程建设来最大限度地避免或降低灾害的危害性，如规模较小的崩塌可以用被动防护网、砌筑拦石坝、喷锚加固等多种手段进行防护；在地震高发地带建造抗震水平较高的建筑，或者通过抗震设计加固已有建筑，用来应对可能发生的地震。对于一些崩塌、滑坡等灾害严重而工程治理又较困难或经济成本较高的地段，宜采取主动避让的措施。

综上所述，从灾害特点、造成损失的情况及人类对灾害的可控程度来看，地震、崩塌、滑坡、泥石流、洪涝灾害、台风灾害、干旱灾害、低温冷冻和雪灾这几类灾害对人类生命财产、社会经济及生产生活造成了严重影响，破坏了社会环境、生态环境的平衡和稳定，制约了当地经济和社会的发展，导致地区发展滞后。因此，分析贫困与灾害的关系，探讨减贫与减灾的作用机理，对于防范化解因灾致贫返贫问题有积极作用。

第二节　近年来灾害造成的损失和影响

世界卫生组织（WHO）认为，任何能引起设施破坏、经济严重受损、人员伤亡、健康状况下降及卫生服务条件恶化的事件，当其规模已超出事件发生地区的承受力而不得不向区域外部寻求专门援助时，可称之为灾害。一般来说，灾害必须具备两个基本要素：第一，必须是一种破坏性事件；第二，其规模和强度超出受灾区域的自救和承受能力。灾害造成的影响及损失主要体现为以下几个方面：一是造成人员伤亡；二是造成农作物、牲畜等受灾；三是破坏房屋建筑、交通、医疗等基础设施；四是造成经济受损；五是破坏生态环境和资源环境；六是产生次生灾害或流行病。

一、近年来我国灾害导致的总体损失和影响

根据《中国统计年鉴》《中国环境统计年鉴》《中国气象灾害年鉴》2004—2018 年数据统计结果，不同自然灾害造成的损失具有明显差异。从图 2.3 可以看出，我国各类自然灾害共造成直接经济损失高达 58386.60 亿元，其中洪涝灾害造成的经济损失最大（约占 33.84%），地震、旱灾等次之，风雹、低温冷冻等相对较小。

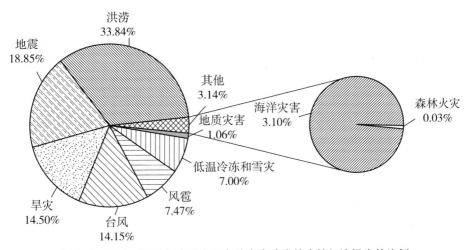

图 2.3　2004—2018 年我国主要自然灾害造成的直接经济损失的比例

资料来源：2004—2018 年《中国统计年鉴》《中国环境统计年鉴》《中国气象灾害年鉴》。

从图 2.4 可以看出，历年灾害共造成伤亡人数达 504872 人、受灾人口达 476458 万人次。其中，地震灾害造成的伤亡人数最多（约占 96.31%，主要是汶川特大地震造成的），地质灾害次之，森林火灾最少；旱灾所造成的受灾人口最多（34.92%），洪涝灾害等次之，台风等灾害最少。从图 2.5 可以看出，近年来灾害共造成农作物受灾面积达 488755 千公顷，其中旱灾造成的农作物受灾面积最高（约占 46.88%），洪涝等次之，地震等灾害最少。

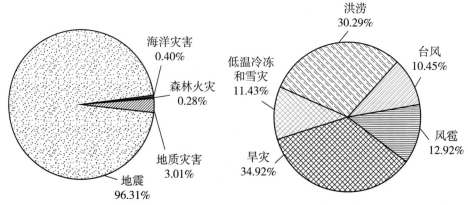

（a）我国主要自然灾害造成人员伤亡的占比　　（b）我国主要自然灾害受灾人口的占比

图2.4　我国主要自然灾害造成的损失

资料来源：2004—2018年《中国统计年鉴》《中国环境统计年鉴》《中国气象灾害年鉴》。

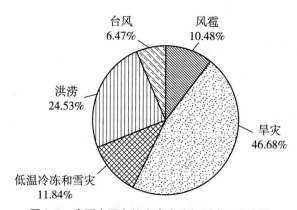

图2.5　我国主要自然灾害农作物受灾面积占比

资料来源：2004—2018年《中国统计年鉴》《中国环境统计年鉴》《中国气象灾害年鉴》。

从近年来自然灾害造成损失的发展趋势看，受灾人口数量呈现波动性下降趋势，但台风、低温冷冻和雪灾有上升现象（见图2.6）。在灾害造成直接经济损失方面，地震、旱灾、低温冷冻和雪灾呈下降趋势，台风、洪涝、风雹、地质灾害呈波动上升趋势（见图2.7）。

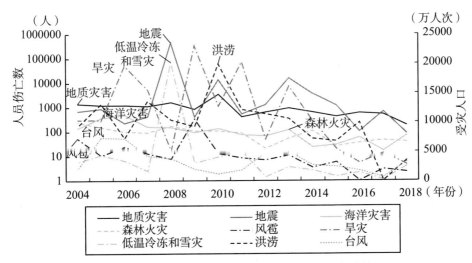

图 2.6 我国主要自然灾害造成人口受灾的历年趋势

资料来源：2004—2018 年《中国统计年鉴》《中国环境统计年鉴》《中国气象灾害年鉴》。

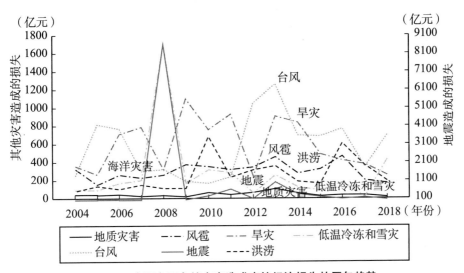

图 2.7 我国主要自然灾害造成直接经济损失的历年趋势

资料来源：2004—2018 年《中国统计年鉴》《中国环境统计年鉴》《中国气象灾害年鉴》。

二、灾害造成的损失和影响的典型案例分析

地震、雪灾、洪涝灾害、新冠肺炎疫情对灾区的生命安全、财产安全、产业发展、就业环境和生态环境等都造成了不同程度的影响。

（一）"5·12"汶川特大地震

2008 年 5 月 12 日，四川省汶川县发生里氏 8.0 级特大地震。地震波及四川、陕西、重庆、云南等 10 个省（自治区、直辖市）的 417 个县（区、市）。此次地震是新中国成立以来破坏性最强、波及范围最广、伤亡人数最多、救援难度最大的地震之一，也是四川有历史记载以来人员伤亡和基础设施破坏最为惨重的一次灾难。

一是造成人员伤亡和带来健康问题。根据《四川汶川地震抗震救灾进展情况》报道，地震共造成 69227 人遇难，374643 人受伤，17923 人失踪。地震除了造成人员伤亡，还对受灾群众的身体健康造成不良影响，震后村民健康条件差的比例明显增加，且中等收入和贫困家庭因灾受伤、因灾健康条件变差的比重高于富裕家庭（黄承伟等，2012）。

二是经济财产损失。地震造成的直接经济损失达 8452 亿元人民币，其中四川损失最严重，占总损失的 91.3%，甘肃占 5.8%，陕西占 2.9%。在财产损失中，房屋损失最大，倒塌房屋 536.25 万间，损坏房屋 2142.66 万间，民房和城市居民住房的损失占总损失的 27.4%；学校、医院和其他非住宅用房的损失占总损失的 20.4%；基础设施，包括道路、桥梁和其他城市基础设施的损失，占总损失的 21.9%（邓小龙等，2014）。

三是土地资源受损。根据《汶川地震灾后恢复重建土地利用专项规划》，因地震及崩塌、滑坡、泥石流等次生灾害造成区内耕地严重破坏，受损耕地面积达 13.74 万公顷，占灾前区域耕地面积的 7.33%，其中耕地灭失 1.18 万公顷，占灾前区域耕地面积的 0.63%。灾区失地农民数量多，土地损坏面积大，区域人地关系矛盾更加突出，直接降低了受灾农民灾后生计恢复的能力（杨尽等，2014）。

（二）"8·8"九寨沟地震

2017 年 8 月 8 日，四川省阿坝州九寨沟县发生里氏 7.0 级地震。由于 2008 年"5·12"汶川地震灾后恢复重建打下的坚实基础，此次九寨沟地震人员伤亡

不多，但地震综合影响（间接损失）巨大，次生灾害特别严重。

一是人员伤亡。据统计，此次地震造成受灾人口达 216597 人，因灾死亡 25 人，因灾失踪 5 人，因灾伤病 543 人。

二是直接经济损失。此次地震灾害导致直接经济损失共计 80.43 亿元。其中，城乡居民住宅用房倒损共计 16441 户、58056 间，房屋损失共计 25.09 亿元；居民家庭财产损失共计 9.59 亿元；交通、通信、能源和地质灾害防治等基础设施损失共计 24.87 亿元；农林牧渔业、工业、服务业等产业损失共计 16.96 亿元；教育、科技、医疗卫生、文化遗产等公共服务系统损失共计 3.92 亿元。

三是旅游产业影响严重。旅游业是阿坝州最重要的产业，地震灾区旅游产业损失 99.4 亿元；阿坝州 8.3 万旅游从业人员失业，136 户企业、1766 户个体工商户受到不同程度的影响。

四是其他影响。经过震后初步评估，地震导致土地（含地质）受损达 18.1 亿元，森林生态系统服务功能价值损失约 91 亿元。地震还对世界自然遗产地和风景名胜区的价值、世界遗产景观和游览安全、世界遗产监测体系造成了难以量化的损失和影响。

（三）2008 年中国雪灾

2008 年 1 月，中国发生大范围低温、雨雪、冰冻灾害，导致湖北、湖南、四川、贵州等 19 个省（自治区、直辖市）遭受不同程度的损失。突如其来的冰雪灾害对广大人民的生产生活和生命健康安全造成了很大影响，严重影响了人类健康。

根据国家民政部的统计，因雪灾死亡 129 人，失踪 4 人，紧急转移安置 166 万人，受灾人口超过 1 亿人；农作物受灾面积达 1.78 亿亩，成灾近 7500 万亩，绝收 1500 万亩；倒塌房屋 48.5 万间，损坏房屋 168.6 万间；因灾直接经济损失 1516.5 亿元；森林受损面积近 2.79 亿亩，3 万只国家重点保护野生动物在雪灾中冻死或冻伤。暴风雪还造成多处铁路、公路、民航交通中断，由于正逢春运期间，大量旅客滞留车站港埠。此外，这次的灾害对华中电网、华东电网和南方电网等造成重创，电力受损、煤炭运输受阻，不少地区用电中断，电信、通信、供水、取暖均受到不同程度的影响，部分重灾区甚至面临断粮危险，给居民生计带来一系列问题。

（四）四川甘洛县洪涝灾害

四川省凉山彝族自治州甘洛县是山地灾害最严重的县区之一，其中洪涝、泥石流灾害居首位，几乎每年都会遭受灾害影响。2019 年、2020 年甘洛县连续两年发生重大洪涝灾害，造成了巨大的经济损失。

1. 2019 年甘洛县洪涝灾害

2019 年 7 月 28 日至 8 月 14 日甘洛县连续遭受"7·29""8·3"暴雨洪涝灾害，持续强降雨还诱发了"8·14"山体崩塌灾害。多灾叠加导致甘洛县 28 个乡镇 38240 人受灾，因灾倒塌房屋 39 间，严重受损房屋 138 间，一般受损 223 间；农作物受灾 830.27 公顷、农作物成灾 468.43 公顷、农作物绝收 216.87 公顷；家禽家畜受灾 15842 头（只），其中牲畜死亡 1306 头，家禽死亡 14536 只；森林受灾 256.1 公顷；38 家企业直接经济损失高达 48817.99 万元；道路交通受损 209 千米，其中 G245 线（甘洛境）发生山体垮塌及泥石流 90 余处，塌方量达 30 余万方，路基损毁 15 千米，桥梁冲毁 1 座，明洞垮塌 1 座；S217 线发生山体垮塌及泥石流 6 处，塌方量达 1300 余方，路基损毁 420 米。县乡村公路不同程度受损，县道受损 3 千米，乡道受损 42.66 千米，村道受损 123.76 千米。甘洛县 3 条出境公路全部中断，一度成为"孤岛"。成昆铁路甘洛境内凉红至埃岱站间、甘洛至南尔岗站间发生水害塌方断道，K986 次、K146 次列车受阻，导致 3600 名旅客滞留甘洛县，"7·29"抢通的用于货运的成昆铁路由于"8·14"再次被迫中断。成昆复线建设也被迫全面停工。县境内发生的多处山体滑坡、泥石流危及 3143 名群众的生命财产安全。水电站停产 23 座，凉红电站 2.48 万千瓦装机的机房被冲毁。多个矿区因灾情严重被迫停产，洪涝灾害导致的直接经济损失共计 9.4317 亿元。

2. 2020 年甘洛县洪涝灾害

2020 年 8 月 30 日晚，四川省凉山州甘洛县阿兹觉乡普降暴雨，造成群众住房倒塌 510 间，损坏 212 间，4 座水电站不同程度受损；成昆铁路 K295 + 375 段铁路桥梁垮塌中断，县内四座大桥全毁，对外交通中断。灾害造成全县农作物受灾面积共计 3524 亩，造成直接经济损失 421.9 万元，其中经济作物共有 190 亩受灾，造成经济损失 62.89 万元。因灾死亡大牲畜 9 头（只）、小牲畜 90 头（只）、家禽 1334 头（只）；阿兹觉中心校、苏雄片区寄宿制小学累计冲毁教学楼 1974 平方米、学生宿舍 2020 平方米、操场 3672 平方米、教师周转房 841 平方米，食堂、厕所、浴室等附属设施 836 平方米，443 名学生被迫停课。全县共计直接经济损失达 1.7485 亿万元。

（五）2020 年新冠肺炎疫情

传染病疫情与泥石流、滑坡等自然灾害造成的局部损失和影响有所不同，疫病灾害不仅持续时间长，而且地域范围广，造成的影响和损失更为深远和严重。如近年来发生的非典型性肺炎疫情（2003 年）、墨西哥甲型 H1N1 流感疫情（2009 年）、韩国中东呼吸道综合征疫情（2015 年）、刚果（金）埃博拉疫情（2018 年）等都对地区和世界人口、经济造成了巨大影响。

2020 年，新冠肺炎疫情在全球暴发，其扩散范围之广、感染及死亡人数之多，被世界卫生组织列为国际公共卫生紧急事件。新冠肺炎疫情对世界政治、经济、社会等诸多方面均造成了巨大的影响。一是对全球的公共卫生安全造成严重威胁。根据世界卫生组织网站最新数据显示，截至 2021 年 2 月 26 日，新冠肺炎全球累计确诊病例 113543215 例，累计死亡 2519335 例。二是经济发展严重受挫。疫情的突然暴发、快速蔓延和长时间持续，对全球经济系统造成了较大冲击，各国面临着不同程度的经济下行压力。世界经济合作与发展组织（简称经合组织）发布最新预测，2020 年全球实际经济增长率为 −4.5%。三是失业率增加。因疫情大流行导致世界各国就业岗位增长乏力，用工需求减少，就业压力在短期内快速加大，导致 2020 年各国失业率均有所上升。美联储预计 2021 年美国失业率为 4.5%，英国预算责任办公室预测 2021 年英国失业率为 10.1%。

2020 年 4 月，按照四川省新冠肺炎疫情风险程度和脱贫攻坚任务艰巨程度，兼顾区域分布，抽取省内 10 个县[①]，1015 户农户[②]，重点关注脱贫相关指标受疫情的影响情况，通过电话问卷调查和远程在线访谈等方式，对四川省低收入家庭因新冠肺炎疫情外出就业影响进行了调研。结果表明，延迟复工和长

---

①　主要选择四川省内疫情高风险地区和脱贫攻坚任务较重的县（区），包括首次划定的疫情高风险区道孚县，中风险区盐源县、巴州区、广安区、开江县和资中县（非贫困县），低风险区布拖县、普格县、昭觉县 3 个未脱贫县和阿坝县 1 个已脱贫县。

②　2019 年家庭人均纯收入低于 4100 元的农户，包括 408 户脱贫户、469 户未脱贫户和 138 户边缘户。藏区（道孚县、阿坝县）37 户，其中脱贫户 24 户、未脱贫户 9 户和边缘户 4 户。彝区（布拖县、普格县、昭觉县、盐源县）591 户，其中脱贫户 18 户、未脱贫户 457 户和边缘户 116 户。其他地区（广安区、开江县、资中县、巴州区）387 户，其中脱贫户 366 户、未脱贫户 3 户和边缘户 18 户。

期停工导致外出就业人数下降，就业时间大幅缩减，务工收入明显下降。通过分析新冠肺炎疫情对四川省低收入家庭致贫返贫风险发现，从务工方面来看，低收入家庭外出务工受疫情影响较大，外出务工人数较 2019 年同期减少21.4%，外出务工人员务工时间减少 2—3 个月的占比达到 27.1%；从收入结构方面来看，突发疫情对贫困农民的工资性收入和经营性收入影响较大；从减贫进度方面来看，欠发达地区的劳动力滞留在家，农副产品滞销，扶贫项目建设进度延缓，产业发展受挫，这些情况都对脱贫攻坚进度带来了不可忽视的负面影响，而部分增收渠道单一且不稳定的已脱贫人口和贫困边缘人口也极易受到疫情冲击而陷入贫困。整体来看，受疫情影响，低收入家庭存在一定的返贫致贫风险，但风险比例不高，总体在 10% 左右。

第三节　我国主要贫困类型及特征

贫困是一个相对的概念，低收入人口规模会随社会经济发展水平的上升和相关标准的上调而发生变化。贫困不仅表现为贫困群体在资源、权利、福利、就业机会等方面可行能力不足，还表现出区域地理环境、资源禀赋、交通条件、经济水平、历史背景等方面的限制或不足（周扬等，2020）。"消除一切形式的极端贫困"已成为联合国 2030 年 17 个可持续发展目标中的首要任务。

一、主要贫困类型

从低收入人口的贫困程度角度，贫困可分为绝对贫困、相对贫困；从发展角度，贫困可分为生存型贫困、温饱型贫困和发展型贫困；从贫困状况持续时间角度，贫困可分为过渡性贫困和持续性贫困；从贫困范围角度，贫困可分为区域型贫困和个体型贫困等（石扬令等，2004；洪大用，2004）。

（一）绝对贫困

绝对贫困是指在教育、文化、生产力水平落后、生态环境日益恶化等情况下，个人和家庭依靠其劳动所得和其他合法收入不能维持其基本的生存需要，这样的个人或家庭就称之为贫困人口或贫困户。绝对贫困威胁着人们的生存和身体健康，疾病、饥饿、环境恶化等直接影响着人们的日常生活，人们所有的资源和劳动都投入到为生存的斗争中，没有资源和精力来进行资本积累和扩大生产。2021 年 2 月 25 日，习近平总书记在全国脱贫攻坚总结表彰大会上庄严宣告，脱贫攻坚战取得了全面胜利，中国完成了消除绝对贫困的艰巨任务。

（二）相对贫困

相对贫困是指在特定的社会生产方式和生活方式下，依靠个人或家庭的劳动力所得或其他合法收入能保障其食物供给，但无法满足最基本的其他生活需求的状态。相对贫困不仅仅涉及收入或者财富，更涉及社会感知和认知，其不仅是收入或者消费不足的问题，也是住房医疗和教育等方面的机会和能力不足的问题（冯怡琳等，2017；张传洲，2020），是社会贫困的一种表现形式。相对贫困更强调脆弱性、无发言权、社会排斥等社会层面的"相对剥夺感"（郭熙宝，2005），是多维视角的概念，包括收入、能力、权利以及自我认同等多个方面。随着我国脱贫攻坚战略目标的实现，我国的减贫事业重心从消除绝对贫困转向相对贫困治理。

（三）生存型贫困

生存型贫困与绝对贫困类似，主要是指生产资料匮乏，满足不了基本需要，解决食物和衣物成为主要的奋斗目标，基本生活没有保障，生存受到威胁。

（四）温饱型贫困

温饱型贫困是指在正常条件下，食物和衣物能够得到供给，但经济发展还很困难，生活水平还很低，抵御灾害的能力还很弱，食物和衣物的供给还缺乏可靠的基础。此时的收入水平制约着进一步的发展，实现小康的道路还很漫长。

（五）发展型贫困

发展型贫困是指在解决吃饭、穿衣等基本生存问题之后，进一步发展过程中的相对贫困。这种对贫困类型的划分侧重于欠发达地区的发展，有利于我们从发展的角度来看待贫困问题，而不仅仅是局限于满足于人口的基本生存问题。

（六）过渡性贫困

过渡性贫困也称暂时性贫困，是指个人或家庭由于意外损失、失业、特定时期内供养人口过多以及其他因素，导致收入下降或开销增加，从而有可能使其生活水平下降，陷于贫困，但是随着相应条件的改善和风险的消失，个人或家庭又会很快摆脱困境，过上正常的生活（洪大用，2004）。例如，因突发的灾害导致房屋倒塌或严重损坏而无房可住，无生活来源，无自救能力的受灾群众属于过渡性贫困。

（七）持续性贫困

持续性贫困是指个人或家庭无法摆脱或不愿摆脱其贫困地位的一种情形。有学者认为，穷人是一种文化、制度、生活方式，贫困一旦成为事实就难以改变，具有代际传递的规律。相比于过渡性贫困，持续性贫困更不利于社会整合与社会稳定，需要社会作出长期、稳定的制度安排，以预防和抑制其负面影响（洪大用，2004）。

（八）区域型贫困

区域型贫困是指源于不同的自然条件、人口素质和历史机遇的区域连片分布的贫困。如我国 14 个集中连片特困地区，在最初划分时，区域农民人均纯收入 2676 元，仅相当于全国平均水平的一半；在全国综合排名最低的 600 个县中，有 521 个位于集中连片特困区，占 86.8%。

（九）个体型贫困

个体型贫困则是指由于个体之间的素质差异和机会不均等原因导致的贫困，这种贫困的发生与区域无关。

二、我国贫困的特征

（一）致贫原因的多样性

单一且不稳定的收入来源是贫困户最广泛的致贫原因，疾病、教育及养老方面的巨额支出是加剧贫困程度或导致其返贫的重要推手，劳动技能或受教育水平低下是农户贫困的重要内在原因，基础设施薄弱、发展机会匮乏是农户贫困的主要外部原因，自然灾害频发、生存环境恶劣是农户最不可抗拒的致贫因素（贾林瑞等，2017）。根据国务院扶贫办 2015 年的调查结果显示，全国贫困农民中，因病致贫占 42%，因灾致贫占 20%，因学致贫占 10%，因为劳动能力弱致贫占 8%，其他原因致贫占 20%。致贫因素中灾害高居第二位，每 5 个贫困人口中就有 1 人属于因灾致贫，这还尚未将因灾返贫人口计算在内（商兆奎，2018）。因灾致贫是导致我国 2020 年以前贫困人口基数大、程度深、长期处于贫困状态或徘徊在贫困边缘的重要原因，造成农民无灾年份脱贫，一旦遇到重大灾害或连续几年的灾害又重新返贫。

（二）减贫速度区域差异性明显

国家统计局的数据显示，按照 2014 年农村贫困标准（每年 2800 元/人），1978 年中国农村贫困人口总规模为 7.7 亿人，贫困发生率为 97.5%；到 2014 年，农村贫困人口下降至 7017 万人，贫困发生率为 7.2%；到 2019 年底，下降至 551 万人，贫困发生率下降至 0.6%；2020 年底，中国如期完成消除绝对贫困的艰巨任务，减贫速度举世瞩目。由图 2.8 可知，华中和西南地区贫困人口基数最大，减贫速率快，西北和华南地区次之，华北、东北和华东地区再次之。就减贫趋势而言，华中和西南地区明显快于其他地区[①]。

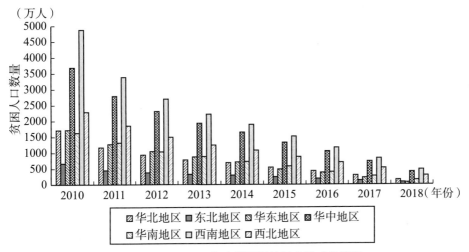

图 2.8　2010—2018 年中国不同地区省均减贫情况

资料来源：根据《中国农村贫困监测报告》整理。

（三）贫困的空间分布不均

由于地理环境、生态环境、经济基础、区位条件、资源禀赋等不同，低收入人口的分布、贫困程度、致贫原因呈现明显地域差异特征。胡焕庸线和地势三大阶梯分界线是基础性的地理界线，反映了人口、经济以及生态环境空间分

---

① 华北地区包括北京、天津、河北、山西、内蒙古 5 个省（市），东北地区包括辽宁、吉林、黑龙江 3 个省，华中地区包括上海、安徽、江苏、浙江、福建、山东、江西 7 个省（市），华中地区包括河南、湖北、湖南 3 个省，华南地区包括广东、广西、海南 3 个省（区），西南地区包括重庆、四川、贵州、云南、西藏 5 个省（区、市），西北地区包括陕西、甘肃、宁夏、青海、新疆 5 个省（区）。本书后面不再赘述。

布的基本格局。胡焕庸线表征的基础地理格局和中国贫困群体的空间分布格局呈现出高度吻合的特征。以胡焕庸线为界，东南地区低收入群体分布密集但落后程度较低，西北地区幅员辽阔、低收入群体分布稀疏但落后程度较深；低收入群体主要集中分布在高原地区和起伏山区、生态脆弱区、灾害频发区、生态保护区和高寒区。

以胡焕庸线为界，胡焕庸线经过的地区全部属于艰苦地区或欠发达地区（王铮等，2019）。胡焕庸线东南部的脱贫县有 524 个，占 832 个脱贫县的 62.99%；西北部有 187 个，占 22.47%；胡焕庸线穿过及邻近区县中脱贫县有 121 个，占 14.54%。但是，从脱贫县占对应分区的比例来看，胡焕庸县穿过区域脱贫县占 66.67%，邻近区县中脱贫县占 60.16%，西北部脱贫县占 55.52%，东南部则仅占 22.56%（见表 2.3）。

表 2.3　　　　　　　　　　　　我国脱贫县分布情况

区域	区县总数（个）	脱贫县（个）	脱贫县占对应分区的比例（%）
胡焕庸线东南部	2323	524	22.56
胡焕庸线西北部	335	187	55.82
胡焕庸线穿过及邻近区县	194	121	62.37
1. 邻近区县	128	77	60.16
2. 穿过区县	66	44	66.67

资料来源：作者的整理。

从我国地势三级阶梯来看，低收入人口主要分布在第一、二级阶梯，自东向西，贫困程度逐渐增加。海拔和坡度反映了欠发达地区所在的地球表面高度和地形起伏程度，影响着低收入人口的空间分布和贫困程度。低收入人口的空间分布和地形条件之间的关系密切（周扬，2020）。我国 2020 年以前的 14 个集中连片特困地区均分布于山区（见表 2.4），尤其是地形起伏大和高海拔山区。一方面，这些地区自然环境恶劣、生存条件差且自然灾害频发，作为农户主要收入来源的农业生产极易受到灾害冲击而减产，甚至绝收；另一方面，由于地理位置偏僻、基础设施建设薄弱、社会经济发展滞后、城乡统筹发展机制不完善、就业与社会保障体系不健全，农户抵御自然灾害的能力弱，进入产业市场的能力差，导致因灾致贫返贫问题突出。

表2.4		14个集中连片特困地区的分布情况					单位：个
县属性	平原	台地	丘陵	小起伏山地	中起伏山地	大起伏山地	高山高原区
脱贫县	149	45	144	94	331	45	24
属于集中连片地区	77	32	119	77	307	43	24
非贫困县	1265	219	258	91	184	1	2
合计	1414	264	402	185	515	46	26

第四节　贫困与灾害关系研究

我国之所以贫困与灾害长期并存，相互作用、相互影响，这与我国所处的地理环境密切相关。如图2.9所示，灾害本身是一种致贫因子，由于灾害和贫困的地理空间耦合性、低收入人口自身的脆弱性，灾害的发生导致区域贫困脆弱性增强，返贫风险加剧，群众抗灾能力下降，贫困人群容易陷入"灾害→贫困脆弱性增加→因灾致贫返贫→资源依赖增加→过度开发→资源破坏→环境恶化→灾害风险增加→贫困加剧"的恶性循环（丁文广等，2013）。

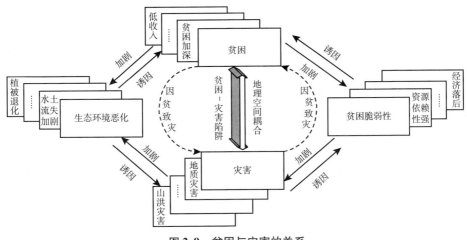

图2.9　贫困与灾害的关系

一、贫困与灾害的空间耦合关系

按照瞄准尺度的不同，贫困识别通常可分为家庭或个体识别和地理识别两种（刘艳华、徐勇，2015）。随着脱贫攻坚战的全面胜利，中国将持续巩固拓展脱贫攻坚成果，有效衔接乡村振兴，区域瞄准仍然是中国"三农"工作的重心。因此，运用地理学的方法和技术手段，研究贫困与灾害的空间耦合关系，进而从地理分区角度分析贫困与灾害的耦合性，对于减贫与反贫困具有重要的科学价值和现实意义。

（一）贫困与灾害的空间耦合度研究方法

耦合度用于衡量要素（或系统）之间相互作用的程度，将物理学中的"耦合"概念应用在地理学的空间分析中，可以探索不同要素相互作用所产生的影响。具体公式如下：

$$C = \frac{f(x)^k \times g(x)^k}{[\alpha f(x) + \beta g(x)]^{2k}} \tag{2.1}$$

式（2.1）中，C 为耦合度；$f(x)$ 为灾害数量排名；$g(x)$ 为研究区域2019 年县级 GDP 排名、2019 年县级人均可支配收入排名；k 为调节系数；α 和 β 为待定系数。将耦合度分为四级：低耦合度（$0 < C < 0.3$）、较低耦合度（$0.3 \leqslant C < 0.5$）、较高耦合度（$0.5 \leqslant C < 0.8$）、高耦合度（$0.8 \leqslant C \leqslant 1$）。

我国灾害种类多、强度大，具有群发性、广泛性和区域性等特征，且各种类型灾害的统计尺度、数据发布类型不尽相同。为了反映贫困与灾害的地理空间特征，本书以我国分布最广泛的地质灾害（含地震）为例，利用耦合度模型探究贫困与灾害之间的空间关系[①]。一是人均 GDP 是衡量区域经济发展状况的指标，是最重要的宏观经济指标之一，因此利用中国 2019 年的县级人均GDP 数据与地质灾害发生频率进行耦合度分析，探索区域贫困与地质灾害之间的关系；二是人均可支配收入既能反映家庭或个人富裕程度，又能反映区域生产力发展水平、经济发展成熟度、可持续发展能力等方面的差异，因此利用

---

① 采用的全国地质灾害点空间分布数据共计 25 万余个（不含香港、澳门、台湾、三沙市），数据来自中国科学院地理科学与资源研究所资源环境科学与数据中心，包括崩塌、塌陷、泥石流、地面沉降、地裂缝、滑坡、斜坡 7 大类地质灾害点；地震灾害数据来自中国地震局发布的数据。

2019 年的县级人均可支配收入与地质灾害发生频率进行耦合度分析，探求经济水平与地质灾害之间的关系。

（二）人均 GDP 与地质灾害的空间耦合性分析

分别计算各县人均 GDP 与地震、滑坡、泥石流、崩塌灾害之间的耦合度值和与四种地质灾害叠加后的耦合度值，分类统计各类灾害与人均 GDP 的耦合度（见表 2.5）。

表 2.5　　　　　　全国各县人均 GDP 与地质灾害耦合度水平统计情况

灾害类型	低耦合度	较低耦合度	较高耦合度	高耦合度	合计
地震	55	331	145	85	616
滑坡	32	85	1117	589	1823
泥石流	30	520	627	275	1452
崩塌	28	446	998	394	1866
多种地质灾害叠加	29	86	1242	840	2197

根据计算结果分析，因为各类地质灾害发生频率、发生位置不一样，所以与人均 GDP 的耦合度水平也存在较大差异，地震灾害对地区 GDP 影响相对较小，滑坡的影响最大。总体来看，以青藏高原及其周缘为代表的高山高原区和起伏山区的耦合度值相对较高；在 2020 年以前划定的 14 个深度贫困地区中，乌蒙山区、滇桂黔石漠化区、六盘山区、秦巴山区、四川涉藏州县[①]等集中连片贫困地区的耦合度值较高。研究表明，各类地质灾害制约了区域社会经济发展，灾害越频繁、破坏程度越大，对地方发展影响越大，且高山高原区、起伏山区和深度贫困地区受到的冲击整体高于其他地区。

经过统计，近年来发生过滑坡等地质灾害的县区有 2197 个，占全国所有县区的 77.06%。通过计算发现，人均 GDP 与地质灾害之间呈负相关关系，整体表现出人均 GDP 越低的地区地质灾害越频繁。从耦合度值大小来看：低耦合度的有 29 个县，占 1.32%；较低耦合度的有 86 个县，占 3.91%；较高耦合度的有 1242 个县，占 56.49%；高耦合度的有 840 个县，占 38.23%。

对各县人均 GDP 与地质灾害耦合度水平在不同地貌的分布情况进行统计

---

① 四川涉藏州县属于四省藏区。

（见表 2.6），耦合度值为较高及以上的共有 2082 个，其中分布于平原的 812 个、台地 230 个、丘陵 355 个、小起伏山地 175 个、中起伏山地 442 个、大起伏山地 44 个、高山高原 24 个。各地貌区耦合度值较高和高的县区占比由高到低依次为：大起伏山地、小起伏山地、高山高原区、丘陵区、台地区、中起伏山地和平原区，可见各县人均 GDP 与地质灾害耦合度水平与地形地貌有一定关系。

表 2.6　　各县人均 GDP 与地质灾害耦合度水平在不同地貌的分布情况

地貌	区县总数（个）	发生过地质灾害的区县耦合度情况				耦合度值较高及以上的占比（%）
		低耦合度	较低耦合度	较高耦合度	高耦合度	
平原	1414	1	11	530	282	57.43
台地	264	4	5	140	90	87.12
丘陵	402	6	14	210	145	88.31
小起伏山地	185	0	3	98	77	94.59
中起伏山地	515	17	51	237	205	85.83
大起伏山地	46	0	2	15	29	95.65
高山高原区	26	1	0	12	12	92.31
合计	2852	29	86	1242	840	73.00

耦合度值为较高和高的县区中，分布于脱贫县的有 702 个，占 832 个脱贫县的 84.38%，其中位于 2020 年以前确定的深度贫困地区的县区有 593 个，占 14 个深度贫困地区脱贫县的 87.21%；分布于非贫困县的有 1380 个，占 2020 个非贫困县的 68.32%（见表 2.7）。

表 2.7　　各县人均 GDP 与地质灾害耦合度水平在不同发达区县的分布情况

县属性	区县总数（个）	发生过地质灾害的区县耦合度情况				耦合度值较高及以上的占比（%）
		低耦合度	较低耦合度	较高耦合度	高耦合度	
脱贫县	832	16	42	283	419	84.38
位于集中连片贫困地区的县区	680	14	38	240	353	87.21
非贫困县	2020	13	44	959	421	68.32

整体来看，各县区经济水平发展明显受多种地质灾害叠加的影响。高山高原区和起伏山区耦合度值高的区域占对应地貌类型区的比例最高，主要原因是山区地质灾害频繁、人均 GDP 相对偏低，区域经济发展与地质灾害呈负相关关系，地质灾害越频繁，区域经济发展越困难，二者耦合度值偏高。14 个集中连片特困地区受地质灾害影响较为突出，耦合度值高于其他区域，应作为因灾致贫重点监测和治理区。

（三）人均可支配收入与地质灾害的空间耦合性分析

分别计算各县人均可支配收入与地震、滑坡、泥石流、崩塌耦合度值和与四种地质灾害叠加后的耦合度值，分类统计各类灾害与人均可支配收入的耦合度（见表 2.8）。

表 2.8　　　　　全国各县人均可支配收入与地质灾害耦合度水平统计情况

灾害类型	低耦合度	较低耦合度	较高耦合度	高耦合度	合计
地震	34	325	167	90	616
滑坡	33	82	1128	580	1823
泥石流	26	482	649	295	1452
崩塌	31	421	1018	396	1866
多种地质灾害叠加	27	93	1251	826	2197

由表 2.8 可知，由于各类地质灾害的发生频率和位置不同，所以与人均可支配收入的耦合度水平存在差异。统计发现，地震灾害与人均可支配收入耦合度值较高的区域主要位于西部，且呈现明显的聚集分布格局；泥石流、滑坡和崩塌与人均可支配收入的耦合度水平分布情况总体相似，呈现起伏山区、欠发达地区耦合度值相对较高、聚集程度更加明显的现象，尤其是滇桂黔石漠化区、滇西边境山区、秦巴山区、武陵山区、乌蒙山区、六盘山区等 2020 年以前的集中连片贫困地区。这表明，各类地质灾害制约了区域居民收入水平，地质灾害与居民收入呈反向耦合关系，但总体来看，人均可支配收入受到地质灾害的冲击要小于区域经济水平。

经统计，近年来发生过地质灾害的县区有 2197 个。通过计算发现，人均可支配收入与地质灾害之间仍然呈负相关关系，低耦合度的有 27 个县，占 1.23%；较低耦合度的有 93 个县，占 4.23%；较高耦合度的有 1251 个县，占 56.94%；高耦合度的有 826 个县，占 37.60%。

对各县人均可支配收入与地质灾害耦合度水平的地理空间分布进行统计（见表 2.9），耦合度水平为较高及以上的有 2077 个，其中分布于平原的有 808 个、台地 227 个、丘陵 349 个、小起伏山地 175 个、中起伏山地 452 个、大起伏山地 41 个、高山高原 25 个；各地貌区耦合度值较高和高的县区占比由高到低依次为：高山高原区、小起伏山地、大起伏山地、中起伏山地、丘陵区、台地区和平原区，可见各县人均可支配收入与地质灾害耦合度水平与地形地貌也有一定关系。

表 2.9　　各县人均可支配收入与地质灾害耦合度水平在不同地貌的分布情况

地貌	区县总数（个）	发生过地质灾害的区县耦合度情况				耦合度值较高及以上的占比（%）
		低耦合度	较低耦合度	较高耦合度	高耦合度	
平原	1414	2	14	564	244	57.14
台地	264	4	8	158	69	85.98
丘陵	402	6	20	212	137	86.82
小起伏山地	185	1	2	90	85	94.59
中起伏山地	515	13	45	206	246	87.77
大起伏山地	46	1	4	13	28	89.13
高山高原区	26	0	0	8	17	96.15
合计	2852	27	93	1251	826	72.83

由表 2.10 可知，耦合度值为较高和高的县区中分布于脱贫县的有 704 个，占 832 个脱贫县的 84.62%，其中位于 2020 年以前确定的深度贫困地区的县区有 5936 个，占 14 个深度贫困地区脱贫县的 87.65%；分布于非贫困县的有 1373 个，占 2020 个非贫困县的 67.97%。

表 2.10　各县人均可支配收入与地质灾害耦合度水平在不同发达区县的分布情况

县属性	区县总数（个）	发生过地质灾害的区县耦合度情况				耦合度值较高及以上的占比（％）
		低耦合度	较低耦合度	较高耦合度	高耦合度	
脱贫县	832	12	44	201	503	84.62
位于集中连片贫困地区的县区	680	10	39	170	426	87.65
非贫困县	2020	15	49	1050	323	67.97

整体来看，人均可支配收入低的地区，地质灾害频率更高，二者呈反向耦合关系。人均可支配收入与地质灾害耦合度值大于 0.5 的占 94.54%，说明地质灾害制约了居民收入水平。耦合度水平高的区域聚集于高山高原区和起伏较大的山区，其中 14 个集中连片特困区耦合度水平整体高于其他区域，尤其是滇桂黔石漠化区、滇西边境山区、涉藏州县，这表明贫困山区居民收入水平受地质灾害影响更大，应作为因灾致贫重点监测和治理区。

二、贫困与灾害的空间分布关系

（一）从脆弱性视角

我国生态脆弱地区是低收入人口集中分布的典型区域，在地理空间分布上，欠发达地区及生态环境脆弱地区具有高度重叠性和一致性（黄承伟等，2012）。在 2020 年以前全国 832 个贫困县中，分布在西南、西北地区的数量占全国总量的 60.58%；从贫困与地质灾害的空间耦合性分析发现，西南、西北地区，尤其是集中连片特困地区的耦合度明显偏高，这与 14 个集中连片特困地区全部位于山区密切相关。山区生态系统固有的高脆弱性导致这些区域自然条件恶劣、生态环境脆弱、灾害易发多发。恶劣的地理环境是各种致贫因子的主要来源，也是孕育灾害产生的环境，其结果便是贫困与灾害并发，灾害又进一步加剧了贫困，最终灾害与贫困形成恶性循环。加之，灾害多发区贫困农户的生计极度依赖于自然资源和生态系统服务，对其他资源的获得能力较差，暴露于灾害中的程度更高，导致这些区域的低收入人口长期以来难以走出因灾致贫返贫的恶性循环。

根据《全国生态脆弱区保护规划纲要》，我国生态脆弱区主要分布在北方干旱半干旱区、南方丘陵区、西南山地区、青藏高原区及东部沿海水陆交接地区，涉及黑龙江、内蒙古、吉林、辽宁、河北、山西、陕西、宁夏、甘肃、青海、新疆、西藏、四川、云南、贵州、广西、重庆、湖北、湖南、江西、安徽21个省（自治区、直辖市），其中有贫困县的省份占95.24%，这些区域既是生态脆弱区、灾害多发，又是贫困问题最集中的地区。《全国主体功能区规划》中的自然灾害危险性评价图[①]，将我国自然灾害危险性划分为高危险、较高危险、中等危险、较低危险和低危险五个等级，将其与全国832个贫困县叠加，分析发现，高危险区全部位于贫困县，较高危险区位于贫困县的面积超过90%，近一半的中等危险区也位于贫困县。贫困与灾害具有明显的地理空间分布重叠性和一致性，二者相互作用、相互影响，长期交织在一起。

（二）从地理分区视角

根据自然区划原则、自然地理特点和地域分异规律，我国将全国划分东北地区、华北地区、华中地区、华东地区、华南地区、西南地区、西北地区七大地理分区。其中，华北、东北、华东、华中、华南地区主要地形为平原，也有少量山地、丘陵分布，西南、西北地区则以中、小起伏山地为主。在2020年以前我国832个贫困县中，有60%以上分布在西南、西北等地形起伏大或海拔高的山区。"边、远、僻、恶"是我国低收入人口集中连片区生存环境的主要特征，这些区域经济相对落后，贫困脆弱性高，对自然资源的依赖性强，有的地区甚至缺乏生存的基本条件，缺少抵御灾害的能力和灾后恢复重建的资本，导致"一方水土养不起一方人"。与华东、华北等经济发达区相比，同样的灾害对西部欠发达地区会造成更为严重的后果。根据我国近年来19万余次地质灾害统计数据（见表2.11）可以发现，（1）西南、西北、华南、华东、华中、东北和华北七大地理区县均发生地质灾害的次数分别为133.75次、90.30次、84.38次、55.53次、50.57次、22.12次和21.86次，西南、西北、华南地区发生地质灾害的次数远多于东北和华北地区；（2）华东地区脱贫县和非贫困县遭受地质灾害的次数分别为159.43次和47.70次；西南地区分别

---

① 自然灾害危险性评价图由中国科学院、水利部、中国地震局、中国气象局等根据洪水、地质、地震、热带风暴等自然灾害分布数据，以公里网格为单元，综合自然灾害风险性评估得出。

为 141.98 次和 121.32 次；西北地区分别为 121.97 次和 54.22 次；华南地区分别为 119.32 次和 78.40 次；华中地区分别为 106.13 次和 29.30 次；华北地区分别为 34.62 次和 17.22 次；东北地区分别为 15.68 次和 22.83 次。可见，灾害在不同地区的发生频次不同，恶劣的地形条件更容易诱发地质灾害，多山地区灾害发生更加频繁，进而制约发展，加深区域欠发达程度，"因灾致贫""因灾返贫"是造成我国低收入人口基数大的主要原因。

表 2-11　　　　　　　　　七大地理分区遭受地质灾害的情况

地区	区县属性及数量（个）		崩塌（次）	滑坡（次）	泥石流（次）	县均地质灾害次数
华北	非贫困县	308	2399	1466	1438	17.22
	脱贫县	112	1174	875	1828	34.62
	总数	420	3573	2341	3266	21.86
东北	非贫困县	253	2249	589	2938	22.83
	脱贫县	28	54	30	355	15.68
	总数	281	2303	619	3293	22.12
华东	非贫困县	584	7586	18917	1354	47.70
	脱贫县	44	2326	4560	129	159.43
	总数	628	9912	23477	1483	55.53
华中	非贫困县	277	2459	5155	503	29.31
	脱贫县	106	2078	8531	641	106.13
	总数	383	4537	13686	1144	50.57
华南	非贫困县	222	10101	7058	246	78.40
	脱贫县	38	3127	1352	55	119.32
	总数	260	13228	8410	301	84.38
西南	非贫困县	204	6075	17055	1620	121.33
	脱贫县	308	6436	27685	9608	141.98
	总数	512	12511	44740	11228	133.75
西北	非贫困县	172	4466	2822	2037	54.21
	脱贫县	196	4807	13297	5802	121.97
	总数	368	9273	16119	7839	90.30

三、贫困与灾害的互馈关系

（一）灾害直接导致贫困发生

灾害造成的损失按照损失类型可分为经济损失、人员伤亡损失、灾害救援损失和资源环境损失（沈金瑞，2009）；按照损失与经济的关系分为直接经济损失、间接经济损失、非经济损失和综合损失；按照承灾体类型可分为居民生命损失、居民财产损失、企业资产损失、公共设施损失、自然资源损失、停减产损失、产品积压损失、农业损失、环境污染等。灾害对国家、地区、家庭、个人等不同层面产生短期或长期的冲击和伤害，会导致区域发展水平整体下降和贫困水平显著上升，在发展中国家的农村家庭体现得尤其明显。据脱贫攻坚建档立卡数据统计显示，在精准识别的贫困户中，因灾致贫占比达到20%以上。特别是2020年突如其来的新冠肺炎疫情，与山洪、滑坡、泥石流等其他灾害相互叠加，导致贫困问题更加复杂。灾害与贫困的内部耦合过程呈现出复杂化特征，致贫返贫风险增大。灾害的突然发生在给人们带来身体伤害的同时，对人们的心理也产生冲击，严重的还造成心理"贫困"。世界卫生组织的调查显示，自然灾害或重大突发事件之后，30%—50%的人会出现中度和重度的心理失调，20%的人可能会出现严重心理疾病，并需要长期的心理干预（Mental Health Division of WHO，1992）。

从区域层面看，经济的发展具有区域性，灾害的发生也具有区域性。灾害是制约区域整体协调发展的一个重要因素，当一个地区或国家遭遇重大灾害时，整个国家都会处于紧急状态，同时伴有经济衰退、资源枯竭等压力，造成不同程度的区域性贫困，甚至带来毁灭性的灾难。根据 Scientific American 报道，遭受重大灾害区域的贫困发生率会上升1%，受灾区域的富人会不断外迁，而穷人则只能留下，当地居民经济不断受到冲击，变得越来越贫穷。比尔及梅琳达·盖茨基金会发布的《2020目标守卫者报告：新冠肺炎全球视角》跟踪了联合国可持续发展目标（SDGs）中的18项指标。报告指出，近年来，全球在每一项指标上都有所改善，但2020年因受新冠肺炎疫情的影响，绝大多数指标都出现倒退。报告还指出，目前世界面临的最重要的问题之一是低收入国家如何能快速回到疫情前的状况，并重回发展轨道；受灾最严重的地方急需支持，以确保暂时的倒退不会造成永久的破坏。虽然各国已经投入 18 万亿美元刺激全球经济，但是国际货币基金组织预测，到 2021 年底全球经济仍将损失 12 万亿美元，甚至更多。就新冠肺炎疫情导致全球国内生产总值（GDP）的损失来看，这是自第二次世界大战结束以来最严重的经济衰退。世界银行行长戴维·马尔帕斯指出，新冠肺炎疫情可能导致 1 亿人重新陷入极端贫困，如果疫情持续恶化，致贫返贫率可能会更高。

从家庭和个人层面来看，灾害对家庭收入和支出存在消极影响，严重制约其创收能力，对受灾人的营养、健康和教育状况造成负面效应，严重影响其未来的收入来源。由于欠发达地区有很大一部分人的生活水平略高于贫困线，依赖自然资源，没有足够多的积蓄，抵御灾害的能力差，对灾害天生敏感，家庭或个人可能会因为灾害带来的各种负面影响而陷入贫困，造成贫困发生率上升，致贫返贫问题严重。灾害的发生加剧了贫困的深度和广度，一旦返贫，脱贫的难度会更大，容易形成"灾害—贫困—更严重灾害—更加贫困"的恶性循环。

（二）欠发达地区更易遭受灾害冲击

灾害对发展中国家、欠发达地区造成的负面影响更大，贫困人群也更易暴露于灾害危险之中，更难从灾害中恢复正常生活。根据联合国减灾办公室的报告《经济损失、贫困和灾害 1998—2017》（*Economic Losses，Poverty and Disasters，1998 - 2017*），灾害对中、低收入国家和人群造成的影响尤为严重，低收入国家的人群在灾难中失去所有财产或遭受伤害的可能性是高收入国家居民的 6 倍。报告强调，20 个国家被列入未来气候变化高风险国，其中中低收入和低收入国家占 75%，这些国家主要位于亚洲、非洲和中南美洲的低纬度地区。

根据汶川地震对贫困的影响分析（黄承伟等，2012），受地震影响的 51 个极重、重灾灾县（区、市）中，国家级扶贫开发重点县有 15 个，涉及 512 万人；省级扶贫开发重点县 28 个，涉及 1112 万人；非贫困县 7 个，涉及 474 万人。就受灾面积及人口数来看，地震对贫困县的影响远大于非贫困县。从我国近年来发生的 19 余万次地质灾害分布区域来看，全国 2852 个县中[①]，2020 个

---

① 832 个贫困县名单来自 2014 年国务院扶贫办公布的数据，其中青海省海西州冷湖行委、芒崖行委于 2018 年合并，为了保持数据统计口径一致性，仍然保持 832 个，所以全国县级区划数为 2852 个。

非贫困县共发生地质灾害 98816 次，县均遭受地质灾害 48.92 次；2020 年以前的 832 个贫困县发生地质灾害的次数为 92532 次，县均遭受地质灾害 111.22 次。832 个贫困县平均发生地质灾害的次数是非贫困县的 2.27 倍。832 个贫困县中，14 个集中连片特困地区的 680 个贫困县平均发生地质灾害 121.54 次，152 个一般贫困县平均发生地质灾害 65.03 次，集中连片贫困地区县均地质灾害数量是一般贫困县的 1.87 倍，是非贫困县的 2.48 倍（见表 2.12）。可见，越贫困的地区，越容易遭受地质灾害的影响。

表 2.12　　　　　　　　　　我国不同地区地质灾害发生的数量

灾害类型	全国	非贫困县	脱贫县		
			集中连片特困地区的脱贫县	一般脱贫县	合计
县区数量（个）	2852	2020	680	152	832
崩塌（次）	55794	35590	16773	3431	20204
泥石流（次）	29023	10310	17175	1538	18713
滑坡（次）	106531	52916	48700	4915	53615
地质灾害总数（次）	191348	98816	82648	9884	92532
平均数（次）	67.07	48.92	121.54	65.03	111.22

资料来源：根据中国科学院资源环境科学与数据中心的地震地质数据整理。

我国不同地理区域在经济、社会、文化、教育、医疗卫生等方面的发展并不均衡。东部沿海地区起步时间较早，基础设施齐全，对外交流方便，技术人才充足，工业门类较多，经济发达，社会体系较完整，居民居住条件较好，在物资储备、科技水平等方面的优势能帮助其建立良好的灾前预防、灾中应急救灾和灾后重建体制，有效降低灾害带来的各种损失，减少因灾致贫风险。华中、西南、西北等区域物质、人力和社会资本积累相对较少，且灾害多发、易发，在灾害发生前及灾害发生时，防灾抗灾的能力较差。灾害发生后，由于欠发达地区原有社会基础破坏大、可用资金物质少、外界援助进入难，如果仅靠其自身的力量，很难恢复到灾前的发展水平。同时，我国西南、西北地区脆弱的生态环境、复杂的地质环境，容易诱发灾害，并形成灾害链，循环往复，从而导致区域性贫困。

从区域层面来看，地方经济水平低，经济发展缓慢，导致在基础设施、医疗卫生、文化教育等方面投入不足，进一步限制了防灾减灾救灾能力，这一恶性怪圈导致"瓶颈"制约不断加剧，容易陷入因灾致贫返贫的困境。例如，健康是增加贫困脆弱性的一个决定性因素，灾后受灾群体的健康风险剧增。健康风险不仅包括治疗疾病所产生的成本，也包括因为患病而丧失劳动力所造成的收入减少，居民健康水平每下降10%会导致贫困脆弱性上升6%，健康风险对贫困脆弱性表现为显著正向影响（傅斐祥，2019；杨龙等，2015）。健康风险受经济发展水平、医疗卫生资源的可及性、城市化水平等诸多因素的影响。经济发展水平越高、医疗卫生资源越多、城市化水平越高的地区，居民抵御健康风险的能力越强，贫困脆弱性越低。近年来，我国医疗保障不断加强，部分医疗服务设施的差距呈现缩小的趋势。根据《中国统计年鉴》2001—2018年的数据统计（见表2.13），目前就医疗卫生机构数量而言，华中地区位居首位，随后是华北地区、华东地区、华南地区、西南地区、东北地区、西北地区，华北、华东、华南、东北地区处于缓慢增长阶段，西南、西北地区则呈现停滞状态。总体来看，全国医疗卫生机构数量不断增加，贫困县和边远地区的医疗条件得到了极大改善，优质高效的医疗卫生服务体系正不断健全，但是各地区医疗卫生机构，尤其高等级医院与基层医疗机构的差距、专业水平的差距仍在拉大，医疗卫生投入存在结构性失衡，医疗资源分布不均衡等影响医疗公平的实现。

表 2.13　　　　　　　　我国不同地区医疗卫生机构数量　　　　　　单位：个

地区	2001 年		2005 年		2010 年		2015 年		2018 年	
	小计	县均	小计	县均	小计	县均	小计	县均	小计	县均
华北	53740	127.95	42395	100.94	159019	378.62	158476	377.32	167521	398.86
东北	28598	101.77	32006	113.90	76263	271.40	76600	272.60	79069	281.38
华东	76012	121.04	74528	118.68	216652	344.99	236668	376.86	241831	385.08
华中	50081	130.76	39021	101.88	169369	442.22	170219	444.44	164076	428.40
华南	30215	116.21	28198	108.45	82299	316.53	87805	337.71	90518	348.15
西南	65135	127.22	48271	94.28	145046	283.29	159622	311.76	161925	316.26
西北	26567	72.19	34578	93.96	88279	239.89	94138	255.81	92493	251.34

资料来源：2001—2018 年《中国统计年鉴》。

从家庭和个体层面来看，贫困群体的收入水平低，导致其在医疗、教育、交通等方面的投入不足（见表2.14）。加之区域信息相对闭塞，使得居民的市场意识、受教育意识、医保意识等淡薄，无法掌握新知识、新技能，健康风险高，无法适应现代社会的发展，抵御灾害风险能力弱。

表2.14 2018年连片特困地区与全国农村消费水平对比

指标	消费支出		连片特困地区相当于全国农村平均水平（%）
	连片特困地区（元）	全国农村居民（元）	
人均消费支出	8854	12124	73
其中：1. 食品烟酒	2790	3646	76.5
2. 衣着	476	648	73.5
3. 居住	1985	2661	74.6
4. 生活用品及服务	530	720	73.6
5. 交通通信	1033	1690	61.1
6. 教育文化娱乐	1013	1302	77.8
7. 医疗保健	879	1240	70.9
8. 其他用品和服务	146	218	67

资料来源：《2019年中国农村贫困监测报告》。

同时，教育资源分配的不均衡降低了低收入群体受教育的可及性。欠发达地区部分居民思想观念相对落后，接受教育的主动性不强。由于素质偏低带来的认知水平和信息接受能力欠缺，使欠发达地区农户对灾害缺乏科学的认识，防灾意识和防灾能力不足，进而加大了贫困群体的贫困脆弱性和遭遇灾害的风险性。根据2002—2018年的《中国统计年鉴》，对七个地区6岁及以上人口按数量和受教育程度分组，按照下述方法分别计算全国和华北、东北、华东、华中、华南、西南、西北地区的人均受教育年限，结果见表2.15。

$$H = \sum X_i Y_i \qquad (2.2)$$

$$h = \frac{H}{L} \qquad (2.3)$$

其中，H 为某一人口群体中每个人受教育年限制之和，X_i 表示具有 i 种文化程度的人口数，Y_i 表示具有 i 种文化程度的人口受教育年数系数，h 代表平均受教育年限，L 表示为该人口群体的总人数。$i = 1$、2、3、4、5，分别表示文盲半文盲类、小学类、初中类、高中类、大专及以上类。根据我国教育年限情况，文盲半文盲类的受教育年限为 0 年，小学类的受教育年限为 6 年，初中类的受教育年限为 3 年，高中类的受教育年限为 3 年，大专及以上类的受教育年限取平均值，约为 4 年，因此 $X_1 = 0$，$X_2 = 6$，$X_3 = 9$，$X_4 = 12$，$X_5 = 16$。

表 2.15　　　　　　　　我国不同地区部分年份人均受教育年限

地区	2002 年	2006 年	2010 年	2014 年	2018 年
全国平均	7.73	8.04	8.21	9.04	9.26
华北	8.35	8.67	9.21	9.50	9.97
东北	8.43	8.72	8.88	9.58	9.68
华东	7.68	8.04	8.35	9.11	9.21
华中	7.83	8.14	8.19	9.04	9.25
华南	7.92	8.30	8.13	9.12	9.39
西南	6.92	6.99	6.83	8.20	8.51
西北	7.39	7.77	7.81	8.83	9.10

资料来源：2001—2018 年《中国统计年鉴》。

（三）贫困更容易诱发灾害

灾害导致贫困，贫困对灾害也具有反馈作用，在一定程度上诱发或加剧灾害。一是欠发达地区农业经济结构相对单一，对自然生态依赖较重，其经济发展倾向于牺牲生态环境或忽视生态环境的可持续性；二是由于知识文化和劳动技能欠缺，低收入人口迫于生存压力，往往以过度开垦、放牧、捕捞等手段扩大农业生产规模，对资源的开采利用以掠夺式、粗放型的方式为主，造成资源浪费和衰竭，导致水土流失、荒漠化、生物多样性的锐减等一系列环境恶化问题；三是大多数欠发达地区的生态环境较脆弱，可利用的资源有限，地方人地矛盾相当突出，极易造成生态环境的超负荷运载，使生态环境进一步恶化，加大了成灾的可能性；四是区域落后的经济发展水平使得社会经济极其脆弱，对灾害的抵抗能力弱，致灾因子的出现很容易诱发灾害。

贫困—环境恶化关系（PEDN）的研究表明，贫困家庭相对于非贫困家庭更依赖于地域资源，从而导致更多的环境破坏，进而形成灾害（Sylvie Démurger，2005）。可以说，越贫困的地区，对环境资源的依存度越高，受贫困影响的地区比不受贫困影响的地区更易诱发自然灾害。贫困与灾害的发生又进一步延续了这种落后的经济发展方式，形成新的恶性循环。殷本杰（2017）论证了贫困与灾害的相关性，研究结果显示，人员伤亡率和财产损失率会随贫困程度加深呈指数增长，贫困对灾害风险贡献较大。在贫困对灾害的作用中，欠发达地区因资源利用方式、利用程度和生态环境本底条件等因素影响，极易导致环境恶化，诱发或加剧自然灾害。而恶化的环境、稀缺的资源和频发的自然灾害又导致贫困，从而陷入"贫困—环境恶化—诱发灾害—贫困加剧"的恶性循环。

第五节　因灾致贫返贫典型案例分析

根据我国主要灾害类型、特征及其与贫困的关系，先后对"8·8九寨沟地震"重灾区、"西藏双湖雪灾"重灾区、"甘洛县洪涝灾害"阿兹觉乡进行实地调研和资料收集；组织25名师生通过电话问卷调查和远程在线访谈等方式，对新冠肺炎疫情影响下四川省低收入人群致贫返贫风险进行调查；在此基础上，围绕四个典型案例展开了相关研究。

一、"8·8"九寨沟地震灾害致贫返贫风险分析

（一）家庭务工和经营性收入受地震影响较大，部分居民可支配收入下降

根据《四川九寨沟7.0级地震灾害损失与影响评估报告》的数据，旅游业是阿坝州的支柱产业，旅游及相关行业从业人数占当地就业人数60%以上，而阿坝州旅游收入近70%来自九寨沟、黄龙景区。地震导致九寨沟等景区损毁严重（见图2.10、图2.11），阿坝州旅游经济迅速进入"冰冻期"，阿坝州8.3万旅游从业人员面临失业，136户企业、1766户个体工商户不同程度受到影响，就业登记人数1.75万人，因灾就业困难人员1.4万人；九寨沟县旅游服务业全面停业，景区外围4.8万直接和间接从业人员一次性失业。受地震影

响，2017 年阿坝州 GDP 同期增长率下降 2.2%；九寨沟县 GDP 比 2016 年减少 14241 万元，下降 5.46%，全县农村居民可支配收入同比增长下降至 8.7%，低于 2016 年的 10.57%、2018 年的 9.73% 和 2019 年的 10.79%，其中工资性收入和经营性收入同比增长分别跌至 7.8% 和 5.81%，并且随着低保兜底贫困户的增加（增加了 478 人），转移性收入同比增长 21.80%。

图 2.10　九寨沟景区"火花海"受损情况

资料来源：九寨沟县扶贫开发局。

图 2.11　九寨沟景区"双龙海"受损情况

资料来源：九寨沟县扶贫开发局。

（二）房屋不同程度受损，导致部分群众住房安全无保障

一是地震造成灾区城乡居民住房不同程度受损（见图 2.12）。根据《四川九寨沟 7.0 级地震灾害损失与影响评估报告》的数据，农村居民住宅用房倒损 11615 户、58056 间，城镇居民住宅用房倒损 4826 户、550063.4 平方米，非住

宅用房倒损 800391.6 平方米，经济损失共计 250910.6 万元。二是九寨沟县"十三五"时期易地扶贫搬迁共涉及建档立卡贫困户 119 户 440 人，地震导致易地扶贫搬迁项目全部停工，灾后易地扶贫搬迁地村民面临住房建设和生产生活自救双重任务，未能完成如期脱贫目标；地震造成次生灾害频发、道路多次中断，无法满足建筑材料运输，灾后易地扶贫搬迁建设进度推进缓慢；加之，2020 年以前的贫困人口大多生活在自然条件恶劣的地区，以老弱病残等特殊人群居多，住房以砖木、土坯结构为主，住房安全问题加重了贫困脆弱性人群的生活压力，致贫返贫风险剧增。

图 2.12　地震中受损的居民住宅用房

资料来源：九寨沟县扶贫开发局。

（三）居民家庭财产不同程度受损，阻碍家庭实际生活水平持续提高

灾区区域性贫困与结构性贫困并存，经济社会发展水平低、产业发展滞后，居民投资理财意识不强，对政策依赖性较强，加之自然交通等基础薄弱，导致灾区居民家庭生活水平整体偏低。根据《四川九寨沟 7.0 级地震灾害损失与影响评估报告》的数据，九寨沟地震造成财产损失的家庭共计 16441 户，其中土地、牲畜等生产性固定资产损失达 5122.1 万元，家用电器、家具等耐用消费品损失达 59060.7 万元，其他财产损失达 31681.6 万元。居民家庭财产不同程度受损，严重损害了居民正常的生活状态，制约了居民生活质量持续提高。

（四）基础设施受损严重，居民获得感降低

地震及其次生地质灾害造成交通、通信、能源、水利、市政、生产生活设施和地质灾害防治设施等不同程度损毁。根据《四川九寨沟 7.0 级地震灾害损

失与影响评估报告》的数据，一是农村道路、排水、供气、垃圾处理等农村地区生产生活设施经济损失共计6214.6万元。二是国省干线、桥梁、机场、客/货运站、服务区、其他交通运输设施等受损严重（见图2.13、图2.14），波及运输业及其他相关行业，造成经济损失超过14亿元。三是通信、电力、水利、市政等基础设施受损，给当地群众生产生活造成严重影响，生活质量下降。四是地质灾害防治设施被毁，不仅造成近1.7亿元的经济损失和巨大的生态环境破坏，还导致防灾减灾能力下降，给当地群众带来巨大的心理压力。

图 2.13　四川省道 301 受损情况

资料来源：九寨沟县扶贫开发局。

图 2.14　九寨沟景区内道路受损情况

资料来源：九寨沟县扶贫开发局。

（五）公共服务系统不同程度受损，导致公共服务能力下降，部分居民主观幸福感降低

地震对教育、科技、医疗卫生、文化、新闻出版、广电、体育、社会保障与社会服务、社会管理、文化遗产等均造成一定损失。根据《四川九寨沟 7.0 级地震灾害损失与影响评估报告》的数据，其中，受损的教育系统 76 个，气象监测站点 57 个，医院、基层医疗卫生机构等医疗卫生系统 100 余个，食品药品监督管理机构 14 个，综合文化站、社区图书室（文化室）等 200 余个，广播电视、新闻出版公共服务机构等新闻出版广电系统 300 余个，社会保障服务机构、保障事务所、工作站等 150 余个，党政机关、体育场馆等体育系统也毁坏严重。公共服务设施的受损导致灾区惠民服务水平相对下降，部分群众主观幸福感受到一定程度的影响。

（六）大部分产业受到不利影响，群众致贫返贫风险明显增加

根据《四川九寨沟 7.0 级地震灾害损失与影响评估报告》的数据，受九寨沟地震影响的产业主要包括农林牧渔业、工业、服务业等。（1）农林牧渔业：受损的耕地和园地达 14400 多公顷，农作物受灾面积达 1805 公顷，成灾面积达 1261 公顷，受损农业生产大棚面积达 1.2 公顷，阿坝州苹果、梨子、桃子、李子、核桃、花椒等产业损失近 1 亿元；受损森林面积近 17000 公顷，林木蓄积量 140.7 万立方米，灌木林地和疏林地受灾面积 2908.3 公顷；死亡牲畜近 4400 头（只），受损饲草料 900 吨。（2）工业：马脑壳金矿因地震停产，矿泉水厂恢复重建周期需要 3 年，20 个企业受损，经济损失超过 8000 万元，倒损厂房、仓库面积近 30000 平方米，受损设备设施近百台（套）。（3）服务业：震后九寨沟风景名胜区停业，黄龙风景名胜区等主要景区接待量全面萎缩，地方一般公共预算收入断崖式下降，波及关联行业及大九寨沿线地区、阿坝州，乃至全省旅游经济均受到较大影响。九寨沟旅游总收入和人数从 2016 年的 90.1 亿元、770 万人次降至 2017 年的 60.7 亿元、481 万人次，2018 年更是跌至 1.71 亿元和 23.45 万人次；阿坝州旅游总收入和人数从 2016 年的 318.44 亿元、3761.49 万人次降至 2017 年的 235.72 亿元、2909.58 万人次，2018 年的 166.71 亿元和 2369.4 万人次。

综上分析，一是灾区基础设施落后，社会事业薄弱，产业结构单一，以旅游业为主导产业，特色农牧业优势不明显，产业发展相对滞后，底子薄、财政收入依赖性强。地震造成部分居民住房安全得不到保障、基础设施受到破坏、公共服务水平降低、产业全面受损、居民收入不稳定、幸福感下降，容易出现"暂时性"贫困。二是"行百里者半九十"，在减贫"收官"的冲刺之年又遭遇地震，减贫与灾后重建任务重叠，要求更高、难度更大。三是震后民生重建项目数量多，且面临海拔高、寒冷、年可开工天数少、生态修复耗时长等阻力，而次生地质灾害的发生造成对外通行道路、通信设施全面瘫痪，致使减贫与减灾计划被打乱、形势严峻。四是地震震中位于世界自然遗产保护腹地，在国内尚属首例，破坏程度国际罕见，核心景区及灾区群众受灾等情况一度成为舆论关注的热点，高度的关注使九寨沟县灾后重建工作压力倍增。受地震影响，九寨沟县未能如期完成脱贫摘帽目标，该县脱贫摘帽被迫推迟 1 年。

二、甘洛县洪涝灾害致贫返贫风险分析

（一）地形地貌决定了该地区灾害多发频发

甘洛县地处青藏高原向四川盆地西缘地势过渡的高山峡谷地带，境内山高坡陡、地形多变、岩层破碎、河谷深切、沟壑纵横，呈现出典型的高山峡谷地貌特征。全县东西南三面海拔 3500 米以上的山峰共有 101 座，在这些山峰影响下，山势迅速向中部牛日河降低，造成山高谷深、坡陡流急，极利于松散碎屑物质和暴雨径流的迅速汇集，为洪涝、泥石流的形成提供了动力条件。地形起伏大，地理位置偏远，耕地破碎化，严重制约着区域社会经济发展，导致区域贫困脆弱性明显偏高。根据甘洛县政府办公室提供的实情统计数据显示，2019 年连续遭受"7·29""8·3"暴雨洪涝灾害，并诱发"8·14"山体崩塌自然灾害，造成全县 28 个乡镇 38240 人受灾，31 人失踪；因灾倒塌房屋 39 间，严重受损房屋 138 间，一般受损 223 间；农作物受灾 830.27 公顷，成灾 468.43 公顷，绝收 216.87 公顷；家禽家畜受灾死亡 15842 头（只）。多灾叠加导致区域群众因灾致贫风险剧增。

（二）极端天气加大灾害隐患

甘洛县气候属亚热带季风气候，夏季潮湿温暖，雨量充沛，冬春干冷少雨，全年降水时间分布严重不均，且受地势、海拔、流域等因素影响，县域内降水还存在一定程度的空间分布不均、局部强降雨频发的现象。其自然环境和气候条件导致近年来连续多次发生洪涝灾害。根据甘洛县政府办公室提供的实情统计数据显示，2018 年该县出现 5 次区域性强降雨天气，其中在"7·17"洪涝灾害中受灾严重的新茶乡，两小时降雨量达到 58.6 毫米；2019 年出现 6 次区域性强降雨天气，先后遭受了"7·29""8·3"两次洪涝灾害，29 日当

天降雨量达 98.6 毫米；2020 年出现 7 次区域性强降雨天气，较往年同期多近两成，在 "8·30" 洪涝灾害中受灾严重的阿兹觉乡局部雨量达到 101.6 毫米（见图 2.15）。受地形地貌、地质构造、极端天气和水能、矿产资源开发等项目建设的叠加影响，甘洛县暴雨、山洪灾害频发，还诱发了泥石流、山体滑坡等其他自然灾害（见图 2.16）。甘洛县现有山洪灾害危险区共计 196 处，地质灾害预案点 191 个（其中，滑坡 96 处、崩塌 30 处、泥石流 39 处、不稳定斜坡 26 处），地质灾害类型多样且隐蔽性、突发性及破坏性较强，灾害风险不断加剧，因灾致贫风险增强，影响区域群众增收和社会经济发展。

图 2.15　甘洛县 "8·30" 洪涝灾害受损情况

资料来源：甘洛县政府办公室。

图 2.16　暴雨诱发山体滑坡

资料来源：甘洛县政府办公室。

（三）村镇聚落选址不合理造成因灾致贫返贫风险上升

甘洛县山地面积占比超过90%，相对平缓的区域主要分布于河流两岸和沟谷下游的开阔地带。有效平地少导致集镇、村庄选址条件有限，部分村镇聚落，甚至位于不稳定斜坡、古滑坡、古泥石流堆积扇、沟口、岸边、崖下等地质灾害危险区，聚落场地面临诸多安全隐患，容易遭受洪涝、泥石流灾害破坏（见图2.17、图2.18）。根据调研收集的资料显示，甘洛县1.3万余人的生命和财产安全受到山地灾害威胁，减灾、应急抢险工作形势严峻，防治任务十分艰巨。部分群众受困于聚落场地安全性问题，生产生活质量难以持续提高，增加了因灾致贫返贫风险。

图2.17　聚落受"7·29"洪涝灾害损坏情况

资料来源：甘洛县政府办公室。

图2.18　聚落受"8·30"洪涝灾害损坏情况

资料来源：甘洛县政府办公室。

（四）贫困与灾害相互交织，因灾致贫突出

甘洛县位于我国集中连片特困地区——凉山州，该地区社会经济发展缓慢，交通信息闭塞，集"老、少、边、山、穷"及"病、毒、灾"等为一体，多重困难叠加，多种矛盾交织，是全国最贫困的区域之一。这一地区的基础设施落后，县域经济发展资金不足，物质生活相对缺乏；群众生产生活资料储备不足，面对突发洪涝、泥石流等自然灾害时没有较好的应对能力。贫困与灾害相互叠加、交织，使当地居民抵御灾害风险能力锐减，贫困脆弱性高。

（五）思想观念比较落后，主动脱贫积极性不高

脱贫攻坚花大力气、用大资源实现脱贫全覆盖，惠及甘洛县广大贫困群众。但该地区大多数贫困群众长期困守深山，思想观念相对保守，缺乏主动脱贫动力，参与减灾减贫意识不强，"等靠要"思想在少数人中依然存在，偶尔也有扶贫"养懒汉"现象。还需进一步加强减贫减灾的基层组织和社区能力建设，突出当地群众参与的主体性，更有效地提升居民应对灾害的能力，化解因灾致贫风险。

（六）受教育文化程度偏低，脱贫发展能力不足

甘洛县地处偏远山区，当地群众的文化教育水平普遍偏低，技能相对缺乏。由于与外界接触较少，脱节于经济社会发展主流，群众的科技意识不强，生产经营能力较低，缺乏主动防灾减贫精神，这阻碍了经济发展，加深了贫困程度，制约了减贫步伐。此外，受教育文化程度低使其难以理解一些政策的意图，如部分群众不明白因灾移民搬迁的重要性，导致执行搬迁的阻力大、教育培训困难多，在一定程度增加了因灾致贫的风险。

三、双湖县雪灾致贫返贫风险分析

雪灾在我国几乎每年都会发生，特别是在西藏、青海、新疆和内蒙古四大牧区，较严重的雪灾已呈周期性出现，受灾面积广，危害程度大，给当地农牧民的人身和财产安全带来很大的威胁，严重影响着我国牧区经济的发展。西藏那曲市双湖县是世界上海拔最高的县，平均海拔 4800 米，雪灾频发，被称为"人类生理极限试验场"。多年来，双湖县党委政府与当地群众一直与自然灾害做斗争，逐步走出了一条"政府主导、集体互助、牧民自救、减贫减灾、降损提效"的发展模式，积累了大量的防灾减灾经验，形成了县、乡（镇）、村

三级防御体系。但是，2020年1月16日至18日遭遇的突发雪灾仍然给当地群众的生产生活造成严重影响，导致部分群众因灾致贫返贫风险突增。

（一）雪灾严重，造成的直接损失大

根据双湖县政府提供的灾情统计数据，此次雪灾是双湖县自2008年"5·20"雪灾以来遭遇的最大的一次雪灾，降雪厚度一次性达5—9厘米，全县31个行政村均遭受了不同程度的灾害。自遭遇雪灾以来，受低温影响，积雪融化较慢，部分乡镇、村以及放牧点连续多天无法出牧（见图2.19），牧民的牲畜死亡率增高，幼畜成活率下降。因灾致死的牲畜共7070头（见图2.20），措折罗玛镇1000亩人工草大面积受损。雪灾不仅影响畜牧业，也对其他辅助产业造成损失，如雅曲乡牧家乐项目，因雪灾导致大部分经济来源减少。

图2.19　雪灾导致牧民无法外出放牧

资料来源：双湖县政府。

图2.20　雪灾使大量牲畜冻死

资料来源：双湖县政府。

（二）雪灾持续时间较长，加大了间接损失

一是双湖县虽已成立牧业合作组织，牲畜已实现集中放牧，但由于部分放牧点分散、通信不便，遭遇灾情后无法第一时间进行救援，加重了灾情程度，影响了牧区群众的生命和财产安全。二是雪灾对牲畜膘情下降造成极大影响，春季接羔育幼期间会引起母畜死亡率升高，幼畜成活率下降，还会导致未到季节弱畜死亡率增加，春季与夏季气候交替时，牲畜死亡率还会进一步提高。三是农牧民知识缺乏，防灾减灾意识和保险意识相对薄弱，遇突发性灾害时草料储备往往不足，持续的雪灾、低温也导致部分乡镇储备的草料耗尽，牧民有致贫、返贫的风险。四是积雪过厚掩埋了牧草，造成牲畜可采食量急剧下降，而觅食距离增加和积雪厚度过深，加大牲畜自身能耗，能量补充不足导致牲畜大面积死亡。

（三）雪灾对农牧民生产生活造成极大影响，致贫返贫风险增加

一是持续雪灾导致道路等基础设施受损，影响产品销售交易、务工等，居民收入下降，造成收入不稳定。二是农牧民生产资料匮乏、劳动力技能缺乏，牛羊既是其经济收入的主要来源，又是其牛奶、酥油等日常生活的食物来源，当自家牛羊供给不足，只能通过购买来解决温饱问题，势必增加经济支出。三是雪灾强度大、范围广、持续时间长，且冰冻与暴雪交织，因乡村水窖、自来水管冻裂或堵塞造成饮水困难，出现临时性缺水。

四、四川省低收入家庭因新冠肺炎疫情致贫返贫风险分析

按照新冠肺炎疫情风险程度和脱贫攻坚任务艰巨程度，兼顾区域分布，通过电话问卷调查和远程在线访谈等方式，我们抽取了四川省 10 个县，1015 户低收入农户，重点关注其受疫情的影响情况。针对低收入家庭受疫情影响可能存在返贫致贫问题，调查重点关注家庭成员务工收入、种养殖收入和家庭经营收入情况；在"两不愁、三保障"方面，调查了农户吃穿、健康及医疗支出、住房安全（危房改造或易地扶贫搬迁）、适龄儿童是否辍学失学等情况。对四川省抽样调查的低收入家庭因疫灾返贫风险进行了分析。

（一）在家庭收入方面，疫情主要影响家庭务工收入，对种养殖收入和经营性收入影响较小

（1）外出务工受疫情影响较大。一方面，外出务工家庭和人数明显减少。2019 年家中有人外出务工的 411 户家庭中，在调查时仅 295 户有人外出务工，

其余 116 户无人外出务工，外出务工家庭减少了 28.2%，外出务工人数较 2019 年减少 21.4%。另一方面，外出务工时间明显减少。外出务工人员务工时间减少 2—3 个月的占比达到 27.1%。

（2）种养殖收入受疫情影响相对较小。由于农副产品有较长的生产周期，在短期内疫情对种养殖收入的影响较小，或者调研时影响还未显现。567 户农户家中有种养殖业，其中 92.6% 的农户表示种养殖收入受疫情影响不大。随着时间的推移，农副产品进入收获季节后，由于受物流、人流和资金流的影响，2020 年初农副产品价格普遍比去年低，有的地方甚至出现农副产品滞销现象。

（3）经营性收入受疫情影响不大。本次调查的 1015 户农户中，仅有 57 户家中有经营性收入，其中 79% 的农户认为疫情对经营性收入影响很小。

（二）在"两不愁"方面，整体影响不大

调查时大部分低收入家庭"两不愁"完全解决，未脱贫户"两不愁"方面存在一定问题。在吃方面，有农户表示生活相对困难，吃的质量还有待提升。在穿方面，有 7.9% 的农户表示有保暖的衣服，但衣物比较少。在安全饮水方面，有 3.4% 的农户表示安全饮水仍在解决中，存在短期的季节性缺水。

（三）在"三保障"方面，存在少数难啃的"硬骨头"

受疫情影响，易地扶贫搬迁和危房改造进度推迟，2.2% 的农户表示在 2020 年 6 月底前不能如期解决住房安全问题，这部分农户主要为彝区的未脱贫户；7.5% 的农户表示因收入降低，看病比较困难，或者有病不敢去看，这部分农户主要为彝区、藏区的未脱贫户；有 8.1% 的农户表示因主观厌学或家庭经济困难，影响学龄儿童上学的情况。

（四）疫情对低收入家庭总体影响的分析

从 1015 户家庭的调查数据分析情况看，突如其来的新冠肺炎疫情对四川省已经脱贫的低收入家庭和非建档立卡的低收入家庭带来了一定的返贫致贫风险，但影响不大，总体比例在 10% 左右。一是脱贫户中有 12.5% 有一定的返贫风险，主要原因在于家庭收入减少，部分家庭医疗支出较大。二是未脱贫户中有 18.5% 如期脱贫有困难，主要原因在于无法外出务工、产业发展困难等，家庭收入大幅度减少，同时农副产品销售困难，无法变现；易地扶贫搬迁和危房改造不能如期完成，不能按期搬迁入住。三是边缘户中有 8% 存在致贫风险，主要原因在于家庭收入减少，基本生活困难。

第六节 新时期我国因灾致贫风险分析

乡村发展与灾害之间存在相互作用的关系，低收入人口或贫困区域具有地理位置上的特征。新时期，区域瞄准仍然是中国"三农"工作的重心，因此有必要从地理空间上回答"低收入人口或欠发达地区分布在哪里"的问题。根据自然灾害危险性评价图、贫困与灾害耦合度水平、地区经济发展水平，利用 GIS 技术，以县区行政区划为单元，基于灾害致贫风险评价方法（田宏岭等，2016），计算得到全国县级行政单元的因灾致贫风险图，并利用自然断点法将风险划分为五个等级。分析发现，因灾致贫高和较高风险区主要分布于青藏高原及其周缘地区、起伏山区。从地势三级阶梯来看，风险较高和高的区域主要分布在我国第一、二级阶梯，整体上由西向东递减，因灾致贫风险与地势三级阶梯在海拔高度上的变化趋势一致，这表明地形条件与因灾致贫风险大小密切相关。

进一步统计分析发现（见表 2.16），因灾致贫高风险和较高风险区集中分布于 2020 年以前的贫困县，尤其是集中连片特困地区的贫困县占比最高，而非贫困县整体因灾返贫风险偏低，与欠发达地区更容易遭受灾害冲击的结论相吻合，2020 年以前确定的 14 个集中连片特困地区仍将是今后巩固拓展脱贫攻坚成果和乡村振兴的主战场。

表 2.16 不同风险区分县统计情况

县属性	总数量	高风险区数量（个）	高风险区占比（%）	较高风险区数量（个）	较高风险区占比（%）	中风险区数量（个）	中风险区占比（%）	较低风险区数量（个）	较低风险区占比（%）	低风险区数量（个）	低风险区占比（%）
非贫困县	2020	27	19.57	235	40.31	486	70.74	532	86.20	740	89.48
一般贫困县	152	7	5.07	49	8.40	35	5.09	18	2.92	43	5.20
集中连片贫困县	680	104	75.36	299	51.29	166	24.16	67	10.88	44	5.32

在巩固和拓展脱贫攻坚成果，接续推进乡村振兴的新时期，我国各区域因灾致贫风险分类如表 2.17 所示。

表 2.17　　　　　　　　　　　不同区域主要致贫灾害类型

	区域	主要因灾致贫风险类型
2020 年以前的深度贫困地区	大别山区	洪涝灾害致贫
	大兴安岭南麓山区	因灾致贫风险不大，以防森林火灾为主
	滇桂黔石漠化区	旱灾、地质灾害致贫
	滇西边境山区	地震、地质灾害致贫
	六盘山区	旱灾、低温冷冻、地质灾害致贫
	罗霄山区	洪涝、地质灾害致贫
	吕梁山区	旱灾致贫
	秦巴山区	洪涝、地质灾害致贫
	四省涉藏州县	地震、地质灾害、雪灾致贫
	乌蒙山区	洪涝、地质灾害致贫
	武陵山区	洪涝、地质灾害致贫
	西藏	地震、地质灾害、雪灾致贫
	新疆南疆三地州	地震、洪涝灾害致贫
	燕山—太行山区	因灾致贫风险不大，以防旱灾致贫为主
其他地区	广东部分地区	以洪涝、台风灾害致贫为主
	福建部分地区	以洪涝、地质灾害致贫
	辽宁部分地区	以旱灾致贫为主
	吉林部分地区	以洪涝灾害致贫为主
	内蒙古部分地方	以风雹、低温冷冻灾害为主
	山东部分地区	以洪涝灾害、旱灾致贫为主

第七节　本章小结

贫困与灾害的空间耦合性分析发现，人均 GDP、人均可支配收入与地质灾害发生频率呈反向耦合，整体呈现地质灾害越频繁、破坏程度越大，居民收入越低、区域性贫困越突出的特征。但是也存在少部分受灾县耦合度值不高的情况，例如"5·12"汶川特大地震的重灾县，震后各级政府在灾害治理、困难群体帮扶等方面持续投入资金和精准施策，地区经济、居民人均可支配收入等普遍提高，但区域减贫减灾进程并不完全同步，故贫困与灾害空间耦合度值偏低。这表明，灾后通过资金、政策等倾斜，在灾后重建的同时，对减贫也有促进作用，但还需增强二者的协调性。

不同地质灾害对贫困的影响程度不同。整体来看，滑坡对区域经济发展水平和居民收入影响最大，其次是崩塌和泥石流，地震对区域性贫困的影响相对较小。相对于经济发达地区，欠发达地区应对灾害风险的能力更弱，受到灾害冲击的后果更加严重，尤其是2020年以前的深度贫困地区受灾害的影响明显高于其他地区。不同地貌类型区受到地质灾害的影响差异明显，高原区、起伏山区的社会经济发展受到灾害的制约最大，因灾致贫返贫风险更大。这表明，区域贫困与灾害频发密切相关，灾害给脱贫成果巩固拓展带来困难，将是乡村发展面临的主要难题。

我国欠发达地区与灾害多发区具有空间一致性，贫困产生与灾害发生具有相关性，因灾致贫返贫问题突出。因灾致贫返贫除了与灾害类型、灾害严重程度和灾害本身的致贫效应有关，还与受灾区域自身特点、区域发展水平、受灾群体自身发展能力等相关。也就是说，"承灾体"决定着是否会因灾致贫、因灾返贫，这也解释了为何欠发达地区更容易因灾致贫返贫，而东部沿海发达地区在面临洪涝、台风等灾害冲击时能迅速恢复，不会产生因灾致贫返贫。

灾害对于贫困的影响是多维度、多层次的，既有显性的一面，也有隐性的一面；既有剧烈短促的影响，也有微弱缓慢的影响，这与致贫因子、孕灾环境以及二者的契合性相关。巨灾大灾因其造成人员伤亡、基础设施损毁、房屋倒塌、农业减产绝收，导致受灾群体致贫返贫风险高而被特别关注。而占据灾害主体的中小型灾害所带来的冲击和影响以往并没有引起足够的重视，但其长期存在，对贫困的影响是持续、渐进的，使受灾群体、受灾区域的脆弱性不断增加，影响区域群众持续稳定增收，难以摆脱低收入的困境。因此，今后灾害多发易发区的贫困问题更应得到足够的重视。

2020年底，我国全面实现"两不愁、三保障"，解决困扰群众的行路难、吃水难、用电难、通信难、上学难、就医难、住危房等问题。巩固拓展脱贫攻坚成果、提高脱贫质量、逐步实现乡村振兴，将是今后乡村发展的主题。随着我国"三农"工作的推进和社会经济的快速发展，"承灾体"将会越来越复杂，将从原来相对单一的人、房屋、土地、水资源等扩充至生产性固定资产、流动资产、设施设备、产品及原料、公共财产等。绝对贫困可以消除，但是灾害不会消失，人类的发展史就是一部人类与各种灾害不断斗争的历史。灾害与贫困问题在漫长的历史变迁中"积渐所至"，时至今日如此，未来仍将持续。

第三章　减贫与减灾经验和典型案例

区域发展滞后和灾害伴生已久，在减贫与减灾的过程中要特别注意"灾害—贫困"的伴生关系，在减贫过程中着重提升低收入人口对灾害的防御、抵抗、响应能力和韧性，在灾害治理的各个环节（灾前防治、灾中救援、灾后重建）关注低收入人口面临的实际问题与需求，从应急机制、组织协调、生计发展动力等多个层面入手，实现减贫与减灾的协同。

第一节　减贫与减灾国际经验

自然灾害发生频率与收入或贫困水平之间没有直接的关系（Kahn，2005），但是不同国家应对贫困和灾害的侧重点有所不同，灾后恢复能力差异也较大。在同样的自然灾害中，较富裕国家比贫穷国家的经济损失可能更大（Raddaz，2007），而贫穷国家因自身抵御灾害的能力和韧性更弱，更难以从灾害中恢复（Carter et al.，2007）。面临同样的灾害，贫困国家致贫风险往往更大。面对多样化的贫困和灾害的挑战，不同国家采取了多种减贫减灾的治理政策和措施。

一、发达国家的减贫减灾经验

发达国家的低收入人口相对较少，且低收入主要源于经济制度、种族问题、社会层级、人口年龄结构等因素，在减贫与灾害治理方面的结合并不突出。此外，由于应对能力强，人口密度低等因素，灾害造成的破坏相对较小。但发达国家完善的制度体系和全方位的治理措施仍能为我们提供许多有益的启示。

(一) 日本：常态化的防灾减灾措施

日本位于亚欧板块与太平洋板块交界处，地壳活动活跃，长期以来自然灾害频发，尤其是地震、火山、台风、海啸等灾害。根据 2015 年日本政府机构的推算显示，日本的相对贫困率为 16%，并且有年轻化的趋势，而频发的灾害使低收入群体（年收入相当于人民币 6 万元以下）的生活提升更为困难。在长期应对灾害的实践中，日本积累了丰富的经验，凭借其经济实力、科学技术和组织管理，建立了世界一流的灾害管理体系。

1. 先进的火情监测和预警系统

日本在全国范围内建立了 100 个观测点，对地震、海啸、火山等自然灾害进行全天候监测（钟开斌，2011），能够在地震发生 2 分钟之内发布地震烈度信息，3 分钟之内发布地震位置和震级信息、启动海啸预警、发布海啸信息，并通过完善的防灾通信网络体系进行信息的互联互通（刘艳、秦锐，2011）。

2. 以社区为单元的灾害风险评估和风险图制作

日本全国都制定了本地的风险图，标注地震、海啸、火山喷发、洪水、泥石流等灾害易发生区域，并标明相应的应急撤离路线。由社区管理人员负责指导居民使用灾害风险图，同时当地居民也会积极加入风险图的制作（刘艳、秦锐，2011）。

3. 健全的救灾重建保障体系

日本早在 1961 年就制定了《灾害对策基本法》，包括防灾组织和计划、灾害应对、灾害恢复、财政金融措施、责任追究等（邹其嘉，1990）。此外，还有活火山对策特别措施法、地震防灾对策特别措施法、大雪地带对策特别措施法等防灾救灾的专门法律。这些法律包含和体现了对弱势群体的关注，比如《严重灾害特别财政援助法》规定对农林水产业、中小企业的灾后重建给予特别的财政支持，《受灾者生活重建支援法》规定可直接向灾民提供重建资金（刘艳、秦锐，2011）。

4. 注重基层防灾建设和常态化的防灾教育

依托社区自治组织分散减灾压力，构建"自救、公救、共救"的灾后重建体系。把专业性的灾害教育融入日常生活，设立"灾害日""灾害周"等促进防灾教育，建设多种防灾训练教育基地，并通过多样化的传媒手段进行宣传教育（黄承伟等，2013）。

案例一：日本"3·11"地震

日本当地时间 2011 年 3 月 11 日 14 时 46 分（北京时间 13 时 46 分），日本东北部太平洋海域发生里氏 9.0 级地震，是历史第五大地震。此次地震引发的巨大海啸对日本东北部岩手县、宫城县、福岛县等地造成毁灭性破坏，并引发福岛第一核电站核泄漏。3 月 14 日，日本央行紧急向金融市场注资 18 万亿日元，创下日本有史以来最大的注资规模。3 月 16 日又注资 29.5 万亿日元，再创历史最大规模。4 月 11 日，日本政府设立"复兴构想会议"，汇集各方睿智，制订地震灾后重建的方案。4 月 30 日，国会众议院通过了 4 万亿日元的补充预算案以及确保补充预算案财源的五个相关法案。由于受核电事故影响，灾后重建工作进展较为缓慢，震后一年震灾垃圾处理率只有 5%。2012 年 3 月 5 日，日本政府通过特别法规，免除了繁杂的垃圾处理手续，同时宣布由国家全额负担处理费用，不仅包括地方政府焚烧和填埋灾区垃圾的费用，还包括灾区垃圾的检测费用、垃圾处理设施和焚烧后垃圾灰的检测费用以及争取当地居民理解的宣传费用等（许艳，2011）。

（二）加拿大：健全的灾前防控

加拿大绝大部分地区处于北美寒冷地带，暴风雪频发且降雪量很大，每年都会造成巨大的经济损失。截至 2019 年，加拿大贫困线以下的人口占比仍有 9.5%，约 340 万人。恶劣、极端天气频发，使加拿大积累了相关的减灾经验，摸索出有效的防控措施。

1. 重视立法

加拿大联邦政府依次制定并通过了《突发事件准备法》（1988）、《突发事件管理法》（1990）、《加拿大环境保护法》（1999）、《环境应急事件条例》（2003）等法律法规，地方政府也制定了相应的法律法规与之配合，比如多伦多市政府立法规定，未在市政府铲雪服务范围内的市中心住户和商户，应在降雪后 12 小时自行清理房屋前方及相连人行道上的积雪。

2. 建立社会责任机制

加拿大各级政府虽然通过立法规范了自己的职责，但并没有大包承揽所有责任，而是在全社会形成了各行业、各部门乃至各个家庭共同承担防灾、减灾责任的社会机制。行业、部门根据自身特点，制定防灾减灾战略部署并安排相关工作，如电力、交通、农业、森林等部门都建立了自己的防灾减灾委托研究服务体系，充分发挥各部门各行业的能动性，使防灾减灾更具针对性和有效性。

3. 做好灾前准备工作

及时准确地向公众发布自然灾害预报信息，普及应对灾害教育，让群众意识到其重要性并提前做好防范措施。投入大量人力、物力和财力做好减灾防灾战略准备，仅冬季铲雪一项，每年投入约 10 亿加元。各省市都组织人力时刻监测气候变化和路面状况，入冬前将上万吨融雪盐分送到各个融雪站，并配备上千辆、多种类型的撒盐车、铲雪车、运雪车。

4. 重视防灾减灾的科研投入

加拿大有 10 多个关于气候、环境和应急工程方面的国家级研究机构和以保险业为主要服务对象的非营利研究所，承担包括地震、雷电、冰雹、水灾、干旱、飓风、龙卷风、森林火灾、冬季暴风雪等自然灾害在内的防灾减灾研究，为从容应对突发灾情提供了强有力支撑。

（三）德国：突发事件风险分析与管理

2002 年德国"易北河洪灾"发生以后，德国联邦政府与各州政府通过深入调查发现，全国的民防（civil defence）和灾难防护（disaster protection）系统在联邦与各州协调等方面存在不少问题。为了加强灾难救助工作，2002 年 12 月德国政府公布了《公民保护新战略》（A New Strategy for Protecting the Population），提出通过开展风险分析工作，提高全社会预防与处置灾害风险的能力（董泽宇，2013）。为降低德国贫困联邦州受气候灾害影响的损失，德国政府在波恩气候大会上承诺，将拨款 1.25 亿欧元用于气候灾害保险。《公民保护新战略》的实施和保险政策的落实，保障了减贫减灾工作顺利推进。主要的经验做法有以下四点。

1. 组织开展境内风险识别

自 2004 年起，德国在联邦层面和州县层面相继开展了风险分析工作，各州按照统一的结构列举所有可能遇到的由技术性因素、人为因素和自然因素引发的灾害情景。在此基础上，德国联邦公民保护与灾难救助局（BBK）从公民保护的角度编制了《国家危害预测（2005）》。这是德国历史上第一次使用统一方法对境内所有灾害风险进行登记。

2. 研发风险分析方法

2010 年 9 月，BBK 通过审核并正式对外发布了《公民保护中的风险分析方法》，作为联邦和各州县开展风险分析工作的指导性文件。内政部负责每年向联邦议院报告风险分析结果。

3. 加强风险分析立法工作与组织保障

为了保障风险分析工作顺利进行，2009 年 9 月德国修订了《公民保护和灾难救助法》；同年，德国联邦政府专门成立了由内政部部长牵头负责的"联邦风险分析与公民保护"指导委员会，主要职责是制定风险分析方法框架，设计损害参数、等级和临界值等；选择目标危害；协调组建风险分析工作组，分发委托任务等。

4. 推进实施灾害保险，提升保障水平

德国政府承诺为气候灾害保险提供 5.5 亿欧元财政支持，以使部分州的低收入人口可以负担得起该费用。为降低德国贫困联邦州受气候灾害影响的损失，德国政府在《联合国气候变化框架公约》第 23 次缔约方大会上再次承诺，将拨款 1.25 亿欧元用于气候灾害保险，以提升贫困脆弱人群应对灾害的韧性。

（四）荷兰：弹性管理机制

荷兰的大部分国土是马斯河、瓦尔河、莱茵河等河流系统因沉积作用形成的三角洲，地势低洼，人口稠密。面对常年的洪水侵蚀，荷兰修筑了最牢固的防洪基础设施，积累了丰富的防洪经验。

1. 可持续系统思维的建立

随着全球环境的变化，荷兰的防洪思路开始转变，水利政策的战略目标不仅局限于"安全宜居的国家"，而且鼓励"健康和可持续水系统"和"水是盟友不是敌人"的观念转变。对水资源的战略管理方面，在把洪水治理放在最主要位置的同时，统筹考虑所有发展目标和多元价值。

2. 协调发展的技术考量

更多地考虑人与自然共生，减少或不触及未开发的河口和三角洲。例如，"给河流以空间"是 2004 年启动的一项国家战略项目，包含 40 条大型河流和

39个试点的改造工程，利用防洪整治与住房、休闲、滨水区开发以及棕地复兴等结合起来，实现区域可持续发展。三角洲委员会在2008年的报告中提议，在接下来的100年里，利用沙丘育滩，沿着海岸增加1000米至1200米宽的条状陆地，从而形成一条能够抵挡暴风雨的缓冲地带。

3. 决策支持工具和防灾系统

通过气象学、水文学、岩土工程学等多学科交叉研究，设计决策支持工具，为决策者提供更全面、及时、精确的信息。为减少预防演练的巨大工程，引入严肃游戏（serious game），使管理者在虚拟模型中练习制定决策和合作交流。

（五）美国：一体化的应急体系

美国国土面积广袤，地跨寒、温、热三带，飓风、洪水、海啸、地震等灾害频发。美国的自然灾害和低收入人口的分布有一定的区位重合性，自然灾害多发的南部地区也是美国低收入人口的聚居区（王永红，2011）。为了应对频发的自然灾害和由此而来的社会问题，美国联邦、州和地方各级政府设立了一体化的灾害应急体系（王秀娟，2008）。

1. 灾害管理的法制化建设

美国先后制定了上百部针对自然灾害和其他危机事件的法律法规，形成了以联邦法、联邦条例、行政命令、规程和标准为主的法律体系，如《灾害救助和紧急援助法》（1950）、《灾害救助法》（1970）、《全国紧急状态法》（1976）、《斯塔福德减灾和紧急援助法》（1988）。2004年正式颁布了《国家事故管理系统》和《国家响应计划》，为国家级的重大灾害和事故提供应急行动计划（黄承伟等，2013）。

2. 应急管理核心协调决策机构

美国负责协调联邦灾害援助工作的主要部门是国土安全部下属的应急管理署（FEMA），领导全国进行防灾、备灾、减灾、救灾和灾后恢复重建工作，跨越了分部门管理的方式，以加强减灾应急综合管理。

3. 属地为主的分级响应

灾害发生时，先由属地政府开展应急工作和救援资金拨付，灾害后果严重且超出地方政府能力范畴时，由上一级政府接管灾害应急工作。灾害特别严重时，可以向议会提出增加紧急救援。

4. 先进的技术装备

美国政府在灾害紧急救援管理中普遍运用了比较先进的技术装备。地球气象卫星、资源卫星的遥感技术早已被用于灾害监测、预警、预报和跟踪。

5. 广泛的灾害管理范围

管理范围不仅包括传统意义上的自然灾害，比如龙卷风、台风、地震、洪水等，还包括工业生产安全事故、交通事故、化学有毒物质泄漏、放射性污染等工业和环境灾害，更包括以针对平民生命财产、损害国家利益为目标的恐怖事件。

6. 完善的灾害救助和灾害保险制度

FEMA 在救灾过程中不仅关注基础公共设施重建等公共救助领域，也提供资金和援助用于灾民个人的生活保障和灾后恢复。同时，完善的灾害保险制度也能有效分担灾区居民的灾害风险，降低因灾致贫的可能性。

案例二：飓风"哈维"

2017 年的飓风"哈维"是美国史上影响第二深远的自然灾害，仅次于 2005 年的飓风"特里娜"。飓风"哈维"给美国造成超过 1000 亿美元的损失，44 人死亡，10 万户住宅损毁，3.2 万人被迫进入避难所，130 万人受灾。

当热带风旋开始形成时，美国国家海洋和大气管理局飓风中心就及时发布热带气旋公报，警示美国大陆海湾和大西洋沿岸地区有被淹没的风险，提示民众做好防范措施，在一定程度上减弱了飓风的危害。灾后 FEMA 积极应对，全面调动各方力量和资源，联邦各部门、各级政府和部门、社会组织机构、私营企业和广大公众联动参与、共同努力。例如，航母"林肯"号和另外两艘攻击舰先后抵达佛罗里达州东岸外海协助救灾、发放粮食，并协助撤离 1 万名留在佛罗里达岛礁的居民。许多企业、慈善组织和宗教组织参与灾后救助，定点发放食物、冰块等，帮助受灾群众渡过难关。美国青年律师协会免费为受飓风影响而不能支付费用的人们提供法律援助。在灾后重建阶段，美国政府着眼于整个受灾区域今后抵御灾害能力的提升，重视人与自然共生，所以重建可能需要花费几年的时间。

就发达国家的案例来看，发达国家具有先进的科学技术和较为完整的应对体系，减灾经验较为丰富，值得推广和学习。但需要注意的是，发达国家减贫与减灾相结合的案例较少，其原因在于发达国家经济水平较高，承受能力较强，且重灾保险普及，因此因灾致贫问题并不突出。但对我国而言，因灾致贫仍是一大难题，因此在减灾减贫工作中需要结合实际考虑相关解决方案。

二、发展中国家的减贫减灾经验

发展中国家贫困和灾害的伴生关系明显，在减灾过程中特别关注贫困人群的受灾救治和灾后恢复，防止其因为灾害而陷入生计困难的境地；同时，在减贫进程中需要提升低收入人口对于灾害的防御抵抗能力和韧性。发展中国家在减灾减贫中付出了诸多努力，探索出许多行之有效的措施，贡献了宝贵的经验。

（一）古巴：灾害风险管理体系

古巴是加勒比海地区最大的一个岛国，经济发展多依靠资源开采和低级加工，对环境产生了严重危害，同时市场的不规范也导致社会问题增多，脆弱性加剧，灾害风险增加。1983—2003 年间共发生了 240 场飓风，因灾致贫现象严重，灾害对农业、工业以及基础设施的破坏性巨大，是古巴经济发展落后的重要原因之一。通过长期与飓风作斗争，古巴形成了一套独特的灾害风险管理体系（GPIG，2019a）。

1. 公众灾害教育

自 1963 年起，防备飓风就成为古巴教育及民防系统的组成部分，将预防、阻止和应对灾害的知识置于学校课程体系中，中小学校、大学和工厂经常进行灾难应急训练。通过媒体宣传防灾减灾信息，家庭医生教授应对灾害的技巧和方法，提升群众的防灾意识、御灾能力。此外，全民都会参加每年为期两天的应对灾害的模拟演习，以便在灾害降临时快速动员社区民众加以应对。

2. 气象机构和民防体系的高度配合

气象部门及时向人们发布简单易懂的信息；当警戒级别提高时，电视和广播会及时告知民众；在飓风到来的 48 小时前，所有机构都被动员起来实施紧急方案，采取大规模撤离等防范措施；学校和医院转为临时避难所；交通工具也会立刻被统一调配。联合国赞扬古巴对此类自然灾难的反应堪称典范。

3. 制定并及时更新社区风险筹划

每个层级的政府和社区都做了风险筹划，日常记录包括飓风来临时谁家的房子是危房、谁家的房子可以当作避难所，哪些人体弱、哪些人需要特别帮助等信息。社区家庭医生将及时更新本社区的病人病情和有特殊生理、心理需求的病人状况。此外，发展安全文化，完善社区减灾机制，为每个社区增添防灾资源。

4. 普及农村地区的医疗、教育等公共服务，在农村地区创造更多的就业机会，提高农民的生活水平，使农村具有吸引力，缓解由于过去几十年快速城市化发展而导致的低收入人口和边缘人口问题。

5. 建立专门的国家灾害防护机构和社会组织

国家民防组织（DCN）是古巴应急机构的最高指挥部，对于降低灾害风险具有重要意义。

案例三：飓风"马修"和灾害风险教育

飓风"马修"于2016年10月初袭击古巴，成为当年最具破坏性的一起自然灾害。古巴民防组织开展了大量协调和保护工作，总共疏散100多万民众。10月5日，尽管关塔那摩省和奥尔金省的受灾地区不可避免地遭受到毁灭性的破坏，但民众都幸免于难。其中一个重要原因是，古巴坚持不懈地在学校开展灾害风险教育计划。

古巴在各级教育机构的所有教学课程中均融入国防、自然、科技和健康风险的相关理论和实践知识。学生接受灾害预防、准备和恢复方面的训练，从而在灾害来临时知道如何应对。所有学生还加入了名为"探索者"的学校组织，帮助他们为户外生存做好准备。在学习过程中，学生通过实地考察，了解学校和社区中存在的各种潜在风险，并共同制定风险地图和疏散计划。残疾学生同样也会参加训练。学校还鼓励学生和老师了解当地的植物学知识，以便在灾后利用其药用价值。在学校里，常常能见到学生在照料不同的草药和植物，对其药效非常熟悉。

（二）印度：减灾减贫政策、制度和技术的协同

印度全国约80%的地区易受洪水、滑坡、干旱、地震和其他局部灾害的影响，是世界上最容易遭受自然灾害的国家之一。印度全国2.3亿穷人大多生活在常年易受旱灾和洪涝灾害的区域（Srivastava，2009）。恶劣的社会经济条件和灾害交织在一起，造成了贫穷和脆弱性的恶性循环。印度减灾减贫战略是将"政策—体制—技术"统筹协调（见图3.1），通过多样化举措，将灾害管理与减贫社会安全网联系起来。

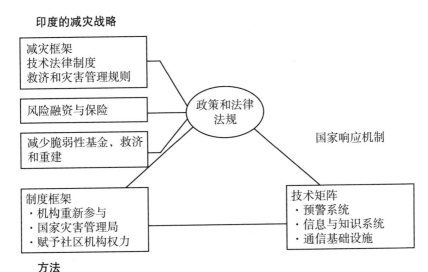

图3.1　政策、制度、技术三者协调的印度减灾减贫体系

资料来源：Srivastava，2009。

1. 政策

政府将灾害管理方案与减轻贫穷和自然资源开发等其他政策问题结合起来，在综合灾害管理法的框架下制定各级准则，促进自然灾害重建的风险分担和转移机制（保险计划），同时注重以社区为基础的灾害管理，让那些最易受伤害的人参与缓解措施的规划和执行。

2. 体制

印度的灾害管理体制框架包括紧密合作的行政网络和知识网络。在行政网

络层面，由内政部全面负责全国灾害管理，中央政府规定总体政策和指导方针、提供技术和机构支持、部署危机期间的军事调遣行动。在知识网络层面，国家地球物理研究所、印度地质调查局、印度农业研究理事会、印度空间研究组织、国家遥感机构和国家信息学中心等机构提供灾害相关的科学信息。通过机构再造，将上述两个网络融合成一个连贯系统，比如在内政部设立国家灾害管理研究所，提供政策分析和能力建设培训。

3. 技术

印度一直在使用最先进的技术进行灾害管理，包括因特网、移动电话、传真、电子邮件、无线电和电视在内的各种信息和通信系统，在各级灾害管理中日益发挥作用。特别是利用通信技术收集和整理关于应急可用资源的信息，提高政府工作人员对紧急情况作出快速反应的决策能力。比如，气象警报系统、国家遥感预警系统、地震观测系统、干旱预警系统和洪涝预警系统等，在灾害预警和救援中起到了重要作用。

案例四：地震信息管理

1993 年 9 月，印度马哈拉施特拉邦拉图尔区发生里氏 6.3 级地震。这是一次相对中等的地震，但由此造成的生命损失（超过 1 万人死亡）和财产损失却是巨大的。印度从中吸取经验教训，在世界银行的支持下建立了灾害管理信息系统（DMIS）。DMIS 包括遥感和地理信息系统数据库、卫星通信以及其他传统系统和数据库。建立 DMIS 的主要目的是汇编、储存和更新与灾害有关的信息，并促进空间和非空间数据的综合分析，生成洪水和流行病、地震、工业灾害、火灾和气旋的灾害地图。DMIS 数据库的组织方式也被广泛用于资源规划，供水、水源保护、公共工程和林业等诸多部门都在使用该数据库。

（三）孟加拉国：面向社区的综合灾害管理

孟加拉国是一个自然灾害严重的国家，北部和东部地区易发地震，东南部地区则易遭受飓风、洪水、干旱和地震灾害。作为世界上最贫穷落后的国家之一，该国的房屋、堤坝和避难所等基础设施的建设相对落后，在一定程度上削弱了抵抗自然灾害的能力。加之占比30%的贫困人口，孟加拉国在灾害治理中需要对贫困人口给予特别的关注，注重提高社区的应对能力和贫困人口对灾害的抵御能力。

1. 基于社区的行动方式

综合灾害管理项目（CDMP）是一项整体型政府策略，由孟加拉国政府的粮食与灾害管理部领导，并由一系列的政府部门和私人机构实施。该项目的社区干预部分瞄准增强社区恢复力、增强地方政府能力，并将其作为发展的责任之一。该项目提供了一个本地的赞助框架，以实施享有优先权的行动，刺激地方当局和社区的参与。

2. 灾害风险管理优先

特别重视对生活在灾害发生地的民众的培训计划，以增强他们应对自然灾害的能力。采用国际风险管理标准对所有社区风险环境进行界定，制定减少风险战略，确保防备和恢复计划的多元性——既可以应对某种普通的自然灾害，也可以容易地转移应对特殊风险。

3. 小额信贷扶贫

1990年建立农村就业支持基金会（PKSF），向农村贫困人口提供资源，通过金融支持帮助他们发展就业机会，以改善生活境况。在遭遇严重自然灾害时和灾后重建期，小额信贷成员可获得相关机构的帮扶。调查发现，加入小额信贷项目的成员几年后收入和资产均有所改善，抵御风险的能力明显加强。

综合发展中国家案例可以发现，在面对灾害时，发展中国家比发达国家更加关注贫困问题，同时提高基层对灾害的承受能力，减少贫困的发生，这一点非常值得我们借鉴，以完善国内的灾害应对体系；此外，发展中国家也在利用先进的科技，但是从减灾减贫体系角度看，尚不成熟。

三、小结

纵观国际减灾减贫的案例，针对不同的灾害和贫困发生状况，其在制度、技术、社会力量参与等方面都积累了丰富的经验。由于经济的发展，绝对贫困会逐步减少，但仍有相当多的人口处于贫困线边缘或低收入状态。灾害与贫困的伴生现象将长期存在，由于灾害的巨大破坏力，容易使受灾地区失去生产能力，导致贫困线附近人口迅速返贫或致贫，灾害在未来致贫原因中会愈发突出，因此有必要投入更多的精力到减灾减贫工作中去。

第二节　我国的减贫与减灾经验

我国幅员辽阔、气候类型多样、地理格局及地质条件复杂，是自然灾害的多发地，几乎所有的自然灾害种类都存在，而且灾害的发生频率之高、损害程度之大，是世界上少见的。自新中国成立以来，党和政府在减灾减贫方面进行了不懈的努力，在应对各种灾害的过程中积累了宝贵的经验。

一、我国减贫减灾的发展历程

（一）制度创建与发展阶段（1949—1980 年）

从 1949 年到 1952 年，我国接连发生了全国性的水、旱、风暴等灾害，中央政府向全国发出《关于生产救灾的指示》，要求各级政府必须认识到生产救灾的极端重要性，成立了由各级人民政府首长直接领导，由民政、财政、工业、农业、贸易、合作、卫生等部门及人民团体代表组成的生产救灾委员会，作为负责减灾的组织协调系统，这种由相关部门组成委员会组织救灾的形式一直延续到今天。同时，运用各种方式组织跨地区的粮食调运来接济灾区，这在物质资源匮乏的条件下是非常必要的。1950 年 2 月，中央救灾委员会成立，首次提出"生产自救，节约度荒，群众互助，以工代赈，并辅之以必要的救济"。以工代赈是新中国减灾减贫的一项重要发明，通过组织有劳动能力的灾民从事防灾工程建设，受赈济者参加工程建设获得劳务报酬，以此取代直接救济。将防灾与救灾结合起来，既为灾民提供了就业机会和增收渠道，也增强了防灾抗灾能力。

（二）制度改革与创新阶段（1980—1998 年）

进入 20 世纪 80 年代，对由中央财政负担救灾款的体制进行了改革，增加了互助互济和扶持的新内容。确立了救灾款有偿使用的原则，规定紧急抢救灾民的费用属于无偿救济，灾情稳定后发放的救济款则视情况而定，并推行了以下几项改革（罗国亮，2009）：

（1）救灾与扶贫相结合。1985 年 4 月，国务院明确规定要把扶贫与救灾结合起来，救灾款在保障灾民基本生活的前提下，可用于灾民生产自救、扶持贫困户发展生产。救灾款有偿收回的部分用于建立扶贫救灾基金，有灾救灾，无灾扶贫。

（2）救灾合作保险。1984 年 6 月，民政部、中国人民保险公司向全国转发了《关于积极开展农村保险工作的联合通知》，认为可以把救灾救济工作同保险事业结合起来，在农村广泛开展保险工作，开拓了救灾扶贫新路径。

（3）自然灾害救济款包干改革试验。国务院将经过核定的救济款的大部分包给省（自治区、直辖市）政府，地方政府遇灾可以灵活调剂使用，减少了工作程序，提高了救灾效率。有利于其扶持灾民发展多种农副业生产和经营，以提高群众生产自救和防灾的能力。

（4）分税制改革。分税制在划分中央与地方事权的基础上，把各种收入和支出依据中央、地方和共享部分进行划分，规定特大自然灾害救济费仍由中央财政负担，一般自然灾害救济支出由地方财政支出，建立了救灾工作分级负责、救灾款分级负担的管理体制。

（三）法制化建设阶段（1998—2012 年）

1998 年的抗洪、2003 年的"非典"以及 2008 年的汶川地震，极大地促进了我国减灾体制的成熟和发展（罗国亮，2009）。

1. 减灾理念更加人性化

党的十六大以来，以人为本的科学发展观使减灾理念得以升华。在救灾政策制定、灾害应急和灾后重建过程中，更加注重对生命价值的关怀和对生存状况的关心，并开始注重维护灾民的人格尊严和心理健康。

2. 减灾法制更加系统健全

这一时期通过了一系列减灾法律和应急预案。除《国家突发公共事件总体应急预案》外，各种专项应急预案达 100 多个。国务院、相关部委和地方政府还制定相关政策性文件，比如《中华人民共和国减灾规划（1998—2010 年）》（国务院，1998）、《民政部应对突发自然灾害工作规程》（民政部，2004）等。此外，在党的十七大报告等重要文献中，均将防灾减灾工作作为重要内容进行规划。

3. 完善组织机构和工作机制

我国已经建立了国务院统一领导，各部门、各级政府分类分级管理的条块结合式的灾害应对体制。在具体运行过程中，对灾情监测、预测和预警信息发布、灾害信息报告、应急联络、先期处置、应急响应、善后处置、调查评估、恢复重建、信息发布、监督管理等都有比较明确的规定。

4. 建立健全救灾物资储备和装备系统

从 1998 年开始，民政部在多地建立数十个救灾物资储备库，由当地省级民政部门实行代储管理，2002 年 12 月印发的《中央级救灾储备物资管理办法》做了进一步规定。2003 年，民政部要求各级民政部门必须配备救灾专用车辆、通信设施、摄录像器材等装备。

5. 加强了应急演练

制定应急预案必须同时加强应急演练，近年来各种演练不断增多，包括防洪防汛、反恐、奥运安保、海运安保、海啸警报、矿难救援、海上搜救、通信保障、气象综合服务、食品安全、动物疫情等各种形式的应急演练。

（四）全面完善阶段（2012 年至今）

党的十八大以来，在以习近平同志为核心的党中央坚强领导下，民政部救灾司和国家减灾中心认真贯彻落实党中央、国务院关于防灾减灾救灾工作的一系列重要指示批示精神和决策部署，不断总结经验、健全法律法规、完善体制机制、改进方式手段，积极推进防灾减灾救灾体制机制改革，切实提高防灾减灾救灾工作法治化、规范化、现代化水平（民政部救灾司，2017）。

1. 灾害管理体制机制日趋科学有效

民政部会同相关部委共同起草了《关于推进防灾减灾救灾体制机制改革的意见》，以中共中央、国务院名义印发，进一步确立了党委和政府统一领导、部门分工负责、灾害分级管理、属地管理为主的防灾减灾救灾领导体制。完善了主要由国家减灾委成员单位参加的灾情会商和信息共享机制，建立了救灾预警、应急救助、过渡期救助、灾损评估、恢复重建相衔接的自然灾害救助制度，有效保障了受灾群众的基本生活。大幅提高因重特大自然灾害遇难人员家属抚慰金、过渡期生活救助和倒损民房恢复重建的中央补助标准。同时，将社会力量参与救灾工作纳入政府规范体系，为支持引导社会力量参与救灾工作奠定了政策基础。

2. 救灾物资储备和装备体系进一步健全

中央—省—市—县四级救灾物资储备体系已基本建立。为贯彻落实党中央、国务院关于防灾减灾救灾的决策部署，推动《国家综合防灾规划（2016—2020 年）》顺利实施，"十三五"期间，国家安排中央预算内投资 20 亿元，每年 4 亿元，支持中西部多灾易灾地区 123 个地市级和 714 个县级救灾物资储备库建设项目，形成了中央救灾物资储备库 19 个、省级救灾物资储备库和省级分库 60 个、地级库 240 个、县级库 2000 余个的储备网络，确保自然灾害发生 12 小时之内受灾群众基本生活得到初步救助（李成，2017）。物资储备的品种不断丰富，技术装备保障不断健全。卫星遥感防灾减灾救灾应用与服务能力明显提升，建立了国内以及国际卫星遥感数据共享机制，卫星数据获取渠道进一步拓展。

3. 灾情信息管理更加精细

开发了全国灾害信息员数据库系统，以灾害信息员队伍为依托，开发并不断更新完善"国家自然灾害灾情管理系统"，实现了全国各省（自治区、直辖市）乡镇网络报灾全覆盖。定期组织召开民政系统灾情核定会、部际灾情会商会，做好月度、季度和年度灾情会商、核定和趋势预测分析工作。充分利用电视、网络和平面媒体，实时发布地方上报的灾情，定期发布月度、年度全国灾情，不定期发布重特大自然灾害救灾工作开展情况。

4. 多元参与格局初步形成

推动社会力量有序高效参与救灾工作，搭建社会力量参与救灾协调服务平台，倡导社会组织有序开展救灾活动，初步实现灾区需求与参与救灾的社会力量资源通过网络进行快速对接。同时，推动巨灾保险制度建设，发挥灾害保险等市场机制的作用。2016 年，民政部协同保监会、财政部等相关部门出台了《建立城乡居民住宅地震巨灾保险制度实施方案》，深入推进农业保险和农房灾害保险。

5. 基层减灾能力明显增强

民政部在每年全国防灾减灾日、国际减灾日等期间，组织全国各地开展应急演练、科普知识宣传、人员培训、知识竞赛、模拟体验等形式多样的防灾减灾科普宣传教育活动，连续成功举办五届国家综合防灾减灾与可持续发展论坛，直接受益人群超 2 亿人次，全民防灾减灾意识明显提升。2017 年 8 月 8 日、9 日四川九寨沟、新疆精河接连发生里氏 7.0 级和里氏 6.6 级地震，地震震级大、震源深度浅，但人员伤亡人数较少，特别是四川九寨沟里氏 7.0 级地震发生后，在 24 小时内高效完成了 6 万人大撤离，新疆精河里氏 6.6 级地震实现零死亡，城市社区抵御自然灾害的能力已明显增强，充分彰显了党的十八大以来，以习近平同志为核心的党中央坚持以人民为中心的发展思想，在全面提升全社会抵御自然灾害综合防范能力方面取得了巨大成就。

6. 化解因灾致贫返贫风险的能力显著提升

近年来，我国高度重视因灾致贫返贫问题，通过灾前预警监测，灾后快速反应部署、灾情管理、紧急物资救助、恢复重建、落实扶贫保险保障等措施，在灾害和贫困的协同治理方面已经取得了长足进步，防止因灾致贫返贫成效显著。面对 2020 年在全球蔓延的新冠肺炎疫情，国务院扶贫办第一时间发布了《关于做好新冠肺炎疫情防控期间脱贫攻坚工作的通知》，提出努力克服疫情对脱贫攻坚的影响，扎实推进脱贫攻坚重点工作，加强疫情防控和脱贫攻坚宣传引导工作，转变作风，关心贫困群众和扶贫干部等要求，从而使新冠肺炎疫情在我国并没有造成大量因病返贫、因疫返贫现象。2020 年 6 月以来，我国江南、华南、西南地区暴雨明显增多，多地发生洪涝灾害、地质灾害，按照习近平总书记对防汛救灾工作作出的重要指示，国务院扶贫办及时发布《关于及时防范化解因洪涝地质灾害等返贫致贫风险的通知》，为增强风险意识，强化底线思维，确保高质量打赢脱贫攻坚战提供了政策支持，努力将灾害对贫困群众生产的影响降到最低。

二、减贫减灾历程彰显中国特色社会主义制度优势

党的十八大以来，我国的减灾减贫工作得到了长足发展，在各方面有了一定基础后，体系建设逐步展开，在汲取其他国家经验的基础上，结合我国国情和实际需要，在党中央的统筹下，不断完善减灾减贫体系。随着全面建成小康社会的不断推进，在减灾的同时，减贫也越来越受到重视，我国对减灾减贫的结合走在世界前列，减贫工作卓有成效。为了在 2020 年全面建成小康社会，防止因灾致贫因灾返贫的现象，在灾后重建方面，政策逐步走向持续性的帮扶，并且给予了足够的关注。在遭受重大自然灾害后，我国得到了国际社会的帮助，同时我国积极响应国际防灾减灾倡议、履行国际减灾义务，务实推进减灾国际交流合作，以期建立国际灾后应急体制，充分展示了负责任大国形象。在减贫方面，我国也为全世界做出表率，同时推进国外重灾保险等优秀经验措

施的普及。

在脱贫攻坚、防控新冠肺炎疫情、防范化解洪涝与地质灾害等工作上，我国行动速度之快、规模之大，世所罕见，展现出中国速度、中国规模、中国效率，无不彰显出中国特色社会主义制度的优势（赵佳琛，2020；黄承伟，2020）。一是在减灾减贫的每一个重要阶段，高度强调党的领导的重要作用，使全党上下能够始终保持步调一致，彰显了中国共产党的集中统一领导的优势；二是在党中央的坚强领导下，全国人民齐心协力，心往一处想、劲往一处使，形成了众志成城的磅礴力量，彰显了紧紧依靠人民、集中力量办大事的优势；三是强调加强法治建设，强化公共卫生的法治保障，体现了依法治国，切实保障社会公平和人民权利的显著制度优势；四是坚守为人民谋幸福、为中华民族谋复兴的初心和使命，彰显了保障和改善民生、增进人民福祉的优势；五是始终秉持人类命运共同体理念，积极参与全球治理，彰显了负责任的大国形象，为全球公共卫生事业作出了突出贡献，为国际社会减灾减贫事业提供了"中国经验"（肖贵清、车宗凯，2020）。

三、减贫与减灾典型案例分析

通过实地调研、资料收集、电话问卷调查和远程在线访谈等方式，我们对"8·8九寨沟地震"重灾区、"西藏双湖雪灾"重灾区、"甘洛县洪涝灾害"阿兹觉乡的相关情况，以及新冠肺炎疫情影响下四川省低收入人群致贫返贫风险进行了调查。

（一）地质灾害——四川省"8·8"九寨沟地震减灾减贫案例

1．"8·8"九寨沟地震灾情概况

九寨沟县地处四川省阿坝藏族羌族自治州，全县辖2镇15乡，120个村10个社区，常住人口8.19万人，农业户籍人口4.7万人。2020年以前，九寨沟县有贫困村48个、建档立卡贫困户1591户、贫困人口5638人，贫困发生率12%。九寨沟县属于典型的少数民族地区、边远山区、革命老区，是三区三州深度贫困地区、四川省连片特困地区之一，是四川省脱贫攻坚"高原藏区"的主战场，属贫中之贫、困中之困、坚中之坚。

2017年8月8日21时19分，九寨沟县境内突发里氏7.0级地震，震源深度20千米、最大烈度9度。此次地震是继汶川地震、芦山地震、康定地震后，该地区遭受的又一次破坏性强、损失严重、影响深远的重大自然灾害。九寨沟、松潘、红原、若尔盖和平武等 5 县均受到不同程度影响，地震共造成 216597 人受灾、29 人死亡、5 人失联、543 人受伤，紧急转移安置人口 88856 人，直接经济损失 80.43 亿元，间接经济损失 208.5 亿元，城乡住房不同程度受损，交通、通信、学校、医院等基础设施和公共服务设施受到不同程度的破坏，世界自然遗产和生态环境受到严重破坏，区域减贫工作遭遇严峻挑战，九寨沟县原定于 2017 年底的"贫困县退出摘帽"计划被迫推迟到 2018 年。

2. "8·8"九寨沟地震减灾减贫做法和经验分析

九寨沟地震发生后，习近平总书记、李克强总理作出重要指示批示，四川省及阿坝州主要领导亲临一线指挥，州、县党委和政府迅速行动，创造了"六个最短时间"的抗震救灾奇迹。一是最短时间内启动应急响应。在灾情发生后 10 分钟，立即启动 I 级应急预案，成立抗震救灾应急指挥部，全面统筹抢险救灾工作。二是最短时间内确保受伤人员得到有效救治。在灾情发生后 10 分钟内，全面动员所有医疗救援力量，千方百计减少人员伤亡。三是最短时间内开展全覆盖、地毯式人员搜救。在灾情发生后 1 小时，组织各方救援力量 1200 余人开展救援，将游客和群众伤亡率降到最低。四是最短时间内实现道路抢通保通。在灾情发生后 1 小时，组织 2500 余人开展道路抢通和通信、电力抢修，震后 12 小时全县电力、通信基本畅通，震后 18 小时全面打通九寨沟县城至松潘、若尔盖、文县、平武方向的出县生命通道。五是最短时间内大规模疏散转移游客和外来人员。在灾情发生后 2 小时，确定游客及务工人员疏散转移计划，24 小时内安全有序转移游客及务工人员 61500 余人。六是最短时间内组织受灾群众进行应急安置。灾情发生不到 24 小时，启动受灾群众应急安置工作，集中安置群众 27243 人。

九寨沟县坚持和发展"中央统筹指导、地方作为主体、灾区群众广泛参与"的灾后恢复重建新路，注重恢复重建与生态环境保护相结合、与提升基础设施和公共服务水平相结合、与旅游产业提档升级相结合、与脱贫攻坚和全面建成小康社会相结合、与民族文化传承相结合的理念，突出地质灾害防治、基础设施和公共服务重建、城乡住房重建、生态环境保护修复、景区恢复提升和产业发展等重点，推进科学重建、绿色重建、人文重建，探索世界自然遗产抢救修复、恢复保护与发展提升的新模式，整体提升灾区减灾减贫能力和社会经济发展水平，从而积累丰富的减灾减贫经验（见图3.2）。

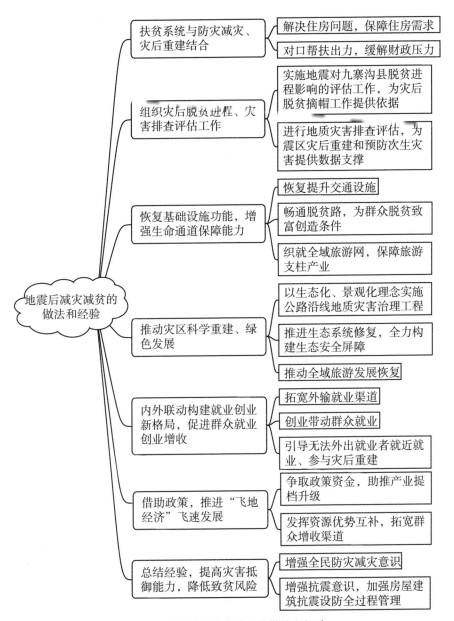

图3.2 地震后减贫减灾的做法和经验

（1）把握防灾减灾、灾后重建和扶贫开发内在规律，整合政策、资源和目标，增强工作协同性。扶贫开发工作自 2014 年启动以来，已形成比较成熟的扶贫政策体系，将防灾减灾、灾后重建结合到扶贫系统是一项具有创新性的工作。九寨沟县将灾后重建与脱贫攻坚的政策、目标、任务有效整合，减少资源浪费，增强工作协同性，主要体现在以下几个方面：一是住房建设方面，把灾后重建的住房建设政策与精准扶贫战略的住房建设政策进行对接，妥善解决贫困户和有住房需求的一般农户的住房问题；二是在对口帮扶方面，总结完善已有的成功经验，用活用好灾后重建的政策"红利"，通过省内对口帮扶、东西扶贫协作创建飞地工业园区，并把一定比例的园区收益作为对政策兜底贫困人口的财政支出，有效缓解了财政压力。

（2）组织地震灾后脱贫进程、灾害排查评估工作，科学把握灾害致贫机制。地震给九寨沟县人民的生命财产安全和生产生活带来了灾难性的伤害，九寨沟县委和县政府面临抗震救灾和脱贫攻坚任务双重叠加的巨大考验。地震对九寨沟县脱贫摘帽工作有多大影响？九寨沟县是否能如期顺利脱贫摘帽？省、州各级领导高度关切，并对地震灾后脱贫进程评估工作作出指示。四川省扶贫移民局委托四川农业大学开展地震对九寨沟县脱贫进程影响的评估工作，对受灾乡镇、村和农户进行全覆盖调查，对实现"县摘帽""村退出""户脱贫"存在的问题进行摸底并提出对策建议，为灾后脱贫摘帽工作提供依据。通过灾害排查评估工作，降低致贫风险。灾害发生后，武警黄金部队地质灾害调查队运用三维建模技术，成功绘制了九寨沟震区首张地质灾害排查评估地图，为震区灾后重建和预防次生灾害提供了强有力的科学数据支撑。

（3）恢复基础设施功能，构建综合立体交通系统，增强生命通道保障能力。面对震后交通道路受损阻断情况，九寨沟县借助脱贫攻坚、灾后恢复重建政策，实施交通"大会战"，构建"内畅外联、快进慢游、安全高效"的交通网。一是恢复提升交通设施既有功能。完成受损路段、桥涵修复，推进交通基础设施沿线地质灾害整治，恢复九黄机场、干线公路、农村公路及配套设施既有功能，消除安全隐患，提高安全性和可靠性，增强生命通道保障能力，夯实灾区农村公路服务基础，降低"因灾致贫""因灾返贫"风险。二是畅通脱贫路。2014 年以来，九寨沟县投入资金 3.52 亿元提升改造 12 个乡镇 90 个村、144.176 千米农村公路，乡乡、村村通硬化路全面实现，建成了覆盖县乡村组四级的便捷路网，在打通交通"主动脉"的同时，大力畅通通达千家万户的"毛细血管"，为群众脱贫致富创造了良好的交通运输条件。三是织就全域旅游网。旅游业是九寨沟县的主导产业，也是脱贫奔小康的支柱产业。在灾后恢复重建中，九寨沟县致力于构建立体综合交通体系。震后交通总投资较震前五年提升了20倍，国省干线投资提升了6.3倍，农村公路投资提升了32.9倍，总投资169亿元的九绵高速项目加快建设，川九路、九若路、漳大路（漳扎镇至大录乡）等公路基本建成，G544公路（双九路）改建工程实现开工，对内形成交通环线，对外形成九寨沟县四向国道省道通达体系，促进川甘青互联互通，九寨沟县综合立体交通运输体系初步形成。

（4）探索自然遗产地修复保护新模式，推动灾区科学重建、绿色发展。一是把地质灾害防治作为生命工程，在地质灾害防治过程中坚持预防为主、分类施策、合理避让、重点整治的思想，统筹考虑生态环境与世界自然遗产保护，强化调查评价、监测预警、工程防治及应急能力建设为核心的综合防治体系，保护灾区群众和游客的生命财产安全。同时，以生态化、景观化理念实施公路沿线地质灾害治理工程。截至目前，九寨沟县已完成11个地灾防治项目，完成投资5.81亿元，九寨沟景区地质灾害治理工程完工44处，安全保障能力明显提升。825名地质灾害监测员24小时监测679处地质灾害隐患点，全力保障广大游客和群众的生命财产安全。二是九寨沟县牢固树立人与自然是生命共同体的理念，坚持保护优先、自然恢复为主的方针，扎实推进生态系统修复，全力构建生态安全屏障。比如，实施诺日朗瀑布、火花海等遗产点的动态监测与保育，减缓钙华瀑布渗漏泉涌出露区的退化速度，采取切实措施保护环境容量小的海子。通过深入研究论证和制订详细方案，科学审慎地推进诺日朗瀑布、火花海等重点遗产点的保护性修复。三是推动全域旅游发展恢复，提振旅游市场信心。实施旅游"大发展"，构建全域旅游新布局。抓住灾后重建机遇，坚持景区多点布局，重点在建设新景区、培育新业态等方面发力，推动旅游全域发展。2019年景区重新开园以来，接待游客186万人，实现旅游总收入17.6亿元，带动3000余名群众增收。

（5）内外联动构建就业创业新格局，增强灾后群众脱贫内在动力。为应对震后1万余人失业、收入大幅减少等不利影响，九寨沟县通过内外联动构建了就业创业新格局，促进群众就业创业增收。一是拓宽渠道，外输就业。九寨沟县以转移就业为重点，全力抓实劳务输出工作。依托东西部劳务协作、省内对口帮扶等拓宽劳动力流动外输渠道，制定《脱贫奔康再就业实施方案（邛崃对口援建方案）》，签订《成都市—阿坝州灾后重建就业援助项目合作框架协议》，两地通过搭建人力资源供需信息对接平台、建立工作联系交流机制、动态掌握外出就业意愿，定期、不定期根据需求组织企业开展就业援助专场招聘会，建立和完善区域协作和就业帮扶长效机制。截至 2019 年底，两地联办"春风送岗"专场招聘会和"送岗下乡"活动 73 余场次，累计外送劳动力 4342 余人次（贫困劳动力 608 余人次）。二是积极引导无法外出就业者就近就业。通过组织灾区群众广泛参与灾后恢复重建，把握重建机遇，着力解决闲置劳动力，促进失业人员再就业，实现贫困群众"就业一人、脱贫一家"。先是出台了《九寨沟县促进本地城乡务工人员充分参与灾后项目建设实施方案》，通过劳务公司集中派遣和乡村组织介绍等方式，引导重建施工项目优先使用本地农民工 13292 人次，其中贫困劳动力 927 人次；随后制定了《九寨沟县促进本地用工奖励补贴实施方案》，激励企业优先使用本地劳动力，鼓励吸纳贫困劳动力就业；最后整合各项资金及公益性岗位资源，拓展贫困劳动力就业范围和渠道，实现有劳动力的贫困户和就业困难对象就业全覆盖。三是创业带动群众就业。以创业贷款补贴为依托，以创业孵化基地为载体，搭建"一条龙"创业服务平台，促进创业就业。该举措促进了 150 名高校毕业生实现创业，发放创业补贴 150 万元，带动就业 32 人，其中贫困劳动力 7 人，支持 42 名返乡创业人员申请返乡创业担保贷款 693 万元，带动就业 100 人，其中贫困劳动力 12 人。

（6）打破区划限制，借助政策，推进"飞地经济"飞速发展。面对九寨沟县本土自然生态环境的限制，发挥灾后恢复重建、脱贫攻坚政策优势、生态资源优势，以及合作地的工业基础优势，九寨沟县与四川省绵竹市、浙江省嘉善县和平湖市投资 30 亿元共建三个"飞地"产业园区，开创了经济发展的新模式，填补了九寨沟县发展工业经济的空白和短板。一是争取政策资金，助推产业提档升级。三个"飞地"产业园区以助推九寨沟县高质量发展、全域脱贫奔小康为目标，立足于产业发展，多渠道筹措资金，强力推进园区基础设施及配套项目建设；争取四川省产业园区基础设施项目发展引导资金 1800 万元，用于绵竹"飞地"产业园区，园区路网、水、电、气等要素保障齐备，生活配套逐渐完善，产业形态初具规模；充分利用东西帮扶资源，积极对接嘉善、平湖产业园区，主动承接东部产业转移，引进嘉善北大创新研究院，共同开发协议投资额达 20 亿元的"九寨·保然堂"大健康产业园项目。二是发挥资源优势互补，拓宽群众增收渠道。建立群众参与机制和园区企业帮扶机制，通过政企合作，积极协调入驻企业吸纳该县人员就业，建立定点产销关系，带动群众就业增收，推动"产业扶贫"。定期组织园内企业到九寨沟县开展招聘活动，与嘉善县、平湖市合作，在嘉善、平湖设立服务站，先后累计解决劳动就业 500 余人。按照九寨沟县与绵竹市、嘉善县、平湖市共建"飞地"产业园区协议，2019 年九寨沟县"飞地"投资收益 900 万元，通过项目利益链接机制，带动 48 个贫困村村集体经济发展和贫困人口增收，覆盖面达 100%。

（7）注重经验总结和研究，提高灾害抵御能力，降低致贫风险。习近平总书记要求正确处理防灾减灾和经济社会发展的关系，不断从抵御各种自然灾害的实践中总结经验，落实责任、完善体系、整合资源、统筹力量；要推进重大防灾减灾工程建设、加强灾害监测预警和风险防范能力建设、提高城市建筑和基础设施抗灾能力、提高农村住房设防水平和抗灾能力、加大灾害管理培训力度。一是九寨沟县严格落实《中华人民共和国突发事件应对法》和《中华人民共和国防震减灾法》等文件政策要求，在县域各行各业制定应急预案，通过加强公益宣传、普及安全知识、培育安全文化等多种方式，增强全民防灾减灾意识。二是总结、研究汶川、玉树等地震灾害经验与教训，增强抗震意识。根据中国地震动参数区划图界定的九寨沟县及附近区域抗震设防烈度为 8 度，严格进行房屋建筑抗震设防全过程管理。由于此次震区房屋建筑抗震设防水平较高，抗震性能总体较好，特别是经过汶川地震恢复重建后的新建建筑达到了抗震设防要求，经受住了此次地震的考验。

（二）气象灾害——四川省甘洛县洪涝灾害减灾减贫案例

1. 甘洛县灾情概况

甘洛县位于川西南边区、凉山彝族自治州北部，是一个以彝族为主的少数民族聚居县。2014 年，经过精准识别，甘洛县共有 208 个贫困村，占行政村总数的 91.6%；建档立卡人口 15318 户 71838 人，贫困发生率高达 31.88%，该县贫困程度深、脱贫难度大、攻坚任务重。甘洛县 2019 年和 2020 年连续两年遭受不同程度的洪涝灾害，对减贫工作造成极大影响。2019 年连续遭受"7·29"和"8·3"暴雨灾害，连续强降雨形成多处洪涝灾害，并诱发

"8·14"山体崩塌自然灾害，因强降雨造成全县形成多处灾害链，导致 28 个乡镇 38240 人受灾，失踪 31 人；因灾倒塌房屋 39 间，受损房屋 361 间；农作物受灾 830.27 公顷、农作物成灾 468.43 公顷、农作物绝收 216.87 公顷；家禽家畜受灾 15842 头（只）；道路、水电站、矿区等大量被毁。2020 年"8·30"洪涝灾害导致居民住房倒塌 510 间，损坏 212 间，农作物受灾 3524 亩，牲畜家禽死亡 1400 余头（只），学校、公路等被严重毁坏，443 名学生被迫停课，全县共计直接经济损失达 1.7485 亿万元。

2. 甘洛县洪涝灾害减灾减贫的做法和经验分析

灾害发生后，四川省委、省政府主要领导作出重要指示，安排省各部门组成省级抢险救灾前线工作组深入甘洛县重灾区开展抢险救援工作。凉山州委、州政府主要领导迅速反应，第一时间组成工作组，连夜赴赴甘洛县督导抢险救灾各项工作，充分发挥了"主心骨"作用。甘洛县在灾害发生后，第一时间启动应急响应，县委、县政府动员党员干部并调动一切可以调动的力量，力保受灾民众的生命财产安全。同时，甘洛县积极总结了 2019 年防灾救灾经验和方法，为将来可能发生的灾害做好了充足的准备，这对 2020 年的防灾减灾工作起到了积极作用，有效减少了 2020 年"8·30"洪涝灾害带来的损失。

（1）2019 年"7·29"洪涝灾害减贫减灾的经验做法。一是在"救"上聚力，全力搜寻搜救失踪人员。甘洛县快速组织专家、公安、武警、民兵、消防等人员，组建了四支救援搜寻突击队，在疑似人员失踪的五个核心点位和沿河下游，采取沿河自上而下、自下而上双向搜寻和疑似失踪点位定点搜寻方式，全面开展人员搜寻搜救工作。先后投入搜寻人员 19507 人次，救援机械 2525 台次，共搜寻到遗体 6 具，已确定失踪 6 人。

二是在"修"上抢攻，竭尽全力抢修基础设施。甘洛县全力支持配合成都铁路局开展成昆铁路甘洛段抢险工作，对受灾最严重的 G245 线，集中力量攻坚，多点施工、双线攻进，于 8 月 2 日抢通至受灾核心区窄板沟棚洞垮塌处的道路，但因受"8·3"暴雨灾害的影响，本已抢通的路段再次遭受破坏。S217 线新市坝波波坤段塌方断道由省交通设计院提出治理方案。乡村道路已抢通 148.932 千米。全力推进电力、通信、饮水等损毁基础设施抢修工作。抢通饮水管道 44 千米，恢复供水 3739 户，恢复通信基站 199 个。

三是在"安"上用心，切实保障群众切身利益。甘洛县积极做好受灾人员安置工作，针对铁路滞留旅客，及时组织提供矿泉水、方便面 4000 余套，以保障旅客所需；紧密关注灾情，加强预警预测，紧急转移撤离受威胁的群众 4979 人，采取"集中＋分散"的方式安置 1734 人，调拨大米 565 袋 14.54 吨，清油 3.1 吨，发放帐篷 161 顶，并按照标准及时开展灾民生活救济，确保受灾群众有饭吃、有清洁水喝、有衣穿、有临时住所、有基本医疗。同时，扎实做好灾区卫生防疫消毒工作，严防疫情疫病的发生。

四是在"查"上做细，抓好救灾防灾基础工作。甘洛县全面抓好灾情核查核实工作，启动全县暴雨灾害灾情评估工作，组建 8 个工作组，深入全县 28 个乡镇开展隐患排查，累计出动排查人员 536 人次，共排查隐患点 342 处（次），并落实了隐患点监管责任，防止新灾害的发生。同时，甘洛县相关部门密切关注天气走势，做好全县和重点河流上游地区的雨情汛情监控，严密监控灾害点险情变化，确保抢险安全，严防次生灾害。

五是在"控"上用力，确保社会大局和谐稳定。加强气象预报和监测预警，强化值班值守，健全完善应急预案，实行监测到点、责任到人、群测群防，打通防灾减灾政策措施落实的"最后一公里"；加强失踪人员亲属安抚工作，先后接访失踪人员亲属 260 人次；加强社会管理，组织民政、信访、公安、政法等稳控力量 910 人次，对重点搜救区域和抢险地段进行全面管控；加强舆情监控，于 8 月 4 日处理 1 起在网上发布不当言论的舆情事件，同时加强舆论引导，及时发布抢险救灾权威动态，进行新闻媒体跟踪报道，有效拓宽社会和群众的知晓渠道，及时回应群众关切。

六是在"摘"上做实，确保如期脱贫"摘帽"。在甘洛县全力打好脱贫攻坚"摘帽"总决战的关键时刻，遭遇连续山洪泥石流自然灾害，对全县脱贫各项工作造成沉重的打击。2020 年 8 月 6 日，甘洛县召开十三届委员会第 89 次常委（扩大）会议，对"7·29"和"8·3"暴雨灾害抢险救灾和全县脱贫"摘帽"工作进行再安排再部署，在确保抢险人员安全的前提下，急群众之所急，解群众之所需，加快道路、饮水、用电的抢通。同时，着力推进防灾减灾工作，进一步加强受灾情况的统计上报，最大限度确保群众的生命财产安全。全力推进脱贫攻坚工作，各级各部门聚焦户脱贫、村退出、县"摘帽"标准，运用好大排查结果，突出抓好问题整改、补短补差，全力推进贫困户"一超六有"、贫困村"一低七有"、乡"三有"等基础设施和公共服务设施项目建设，确保贫困户稳定脱贫。

（2）2020年"8·30"减贫减灾的经验做法。相比2019年的减贫减灾工作，甘洛县2020年"8·30"减贫减灾工作进一步提升。

一是上下联动，快速应急响应。洪涝灾情发生后，凉山州领导相继作出重要指示和批示，州委常委、州政府常务副州长率工作组连夜赶赴甘洛县督导抢险救灾各项工作。在灾情发生的第一时间，甘洛县启动了应急处置与救援措施、Ⅳ级防汛应急响应、Ⅲ级救助应急响应。成立由县委书记、县政府县长任双指挥长，县委、县政府分管领导任副指挥长，县委办、县政府办、县应急管理局、县自然资源局、县水利局等部门为成员的甘洛县"8·30"暴雨灾害抢险救灾指挥部和8个专项工作小组。

二是构建防灾防返贫工作体系，责任落实更到位。加强应急能力建设，按照"分级负责、属地为主、层级响应"原则，成立了由县长担任应急委主任，常务副县长担任常务副主任，其他副县长全部担任应急委副主任，县级相关部门37个负责人为成员的应急委员会（见图3.3），委员会下设抗震救灾、生产安全事件、防汛减灾等18个专项指挥部，对应开展行业领域安全风险防范、监管防治等日常工作，形成了统一领导、权责一致、上下联动、协调顺畅、运转高效的应急指挥体制。

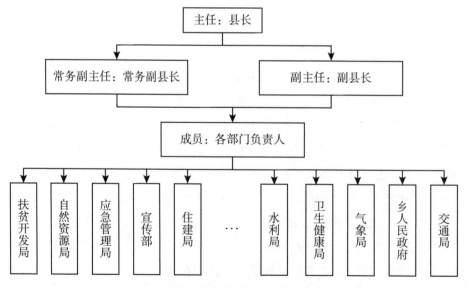

图3.3　甘洛县应急委员会结构

甘洛县积极调整完善应急预案，制定印发了《甘洛县2020年地质灾害防灾工作方案》《甘洛县人民政府办公室关于修编应急预案及制定工作规则的通知》，健全完善抗震救灾、生产安全事故、防汛抗旱、地质灾害等18类专项应急预案和甘洛县突发事件总体应急预案，初步形成了规范有序、行动迅速、运行高效，多层次、广覆盖、全领域的应急预案体系。各工作组针对本次灾情险情，分析制定抢险救灾举措，分线作战、密切配合，兵分三路，通过搭乘小火车、从汉源县中转以及从沙黑路前往等方式，奔赴前线开展抢险救灾。

三是注重提升综合减贫减灾能力。甘洛县加强防火业务能力培训，通过邀请专家现场讲授和"以会代训"等方式，组织全县各部门、企业和监测员进行集中宣传培训，累计开展各类防灾救灾知识培训142场，4800余人次参加，发放各类宣传资料6500余份，制作安装避险撤离明白卡15000张、危险区标识标牌400套。累计投入6600余人次开展各类应急疏散演练748场次，参演群众达25523余人，实现了28个乡镇全覆盖。2020年以来，统计上报的地质灾害灾情12起，险情10起，取得了7起地质灾害成功避险工作成效（全州共实现24起成功避险），激发群众守护家园的意识，充分调动广大驻村干部、村组干部、民兵等基层干部力量，完善县、乡、村、组、点五级群防群测体系。启动气象、水利、应急等部门的重要天气预警信息协商机制，通过手机短信、电话等方式及时发送预警信息：发送重要天气预警信息26.4万条，共计监测大到暴雨21次，预警6次，发送预警信息28次1667条，发送预警广播48次，确保了第一时间预警，第一时间转移，最大限度地避免和减少了人民群众的生命财产损失。

四是采取"排、访、评、录、测、补、销"七步工作方法。重点围绕受灾群众"两不愁、三保障"和"四个好"目标，探索建立稳定脱贫的长效机制，扶贫对象"回头看"常态化；持续加大产业发展、就业促进、政策兜底、基础提升、文明新风等"回头帮"力度；精准落实帮扶措施，补齐短板弱项，促进居民户增收；注重乡村基础和公共服务设施配套建设及管理维运。多措并举，进一步提高便民服务能力，提升群众抗灾害风险能力，防止出现脱贫人口因灾返贫、边缘户和特殊困难户因灾致贫，最大限度地遏制新滋生的绝对贫困问题，持续巩固脱贫攻坚成效。

（三）气象灾害——西藏自治区双湖县雪灾减灾减贫案例

1. 双湖县雪灾减灾减贫概况

双湖县位于西藏自治区那曲地区西北部，辖区面积 11.67 万平方千米，人口 1.3 万人，包括 1 镇 6 乡，31 个行政村，其中 2/3 位于可可西里无人区。双湖县是世界上海拔最高的县，平均海拔 4800 米，属于典型的寒冷半干旱高原季风气候区，年均空气含氧量是平原地区的 40% 左右，冬季约为 30%，全年无霜期少于 60 天，年平均气温为 -5℃，冻土时间超过 280 天。双湖县雪灾频发，自然环境极其严酷，被称为"人类生理极限试验场"。

与常见的洪涝、地质、干旱等灾害具有突发性等特点不同，双湖县雪灾具有长期性、周期性和频繁性等典型特征，常年灾害天气高达 200 天以上。面对极端气候条件，牧民个人抵御灾害的能力有限，雪灾导致牲畜无草料可食、牧民无燃料可用，造成大批牲畜死亡，牧民的取暖受到影响。

脱贫攻坚以来，双湖县委、县政府深刻领会习近平总书记关于防灾减灾救灾的重要论述，针对双湖县历年雪灾发生的特点，不断总结实践和理论经验，走出一条政府主导、集体合作，将防灾、减灾和救灾与减贫、防贫相结合的可持续发展路径，极大地提高了高寒牧区牧民抵御雪灾的能力。双湖县 2019 年人均生产总值达到 48902 元，农村居民人均可支配收入为 12951 元，于 2019年 12 月顺利完成脱贫摘帽。

2. 双湖县减灾减贫的做法和经验分析

在当地县委、县政府的领导下，双湖县成立了抗灾指挥部，研究确定自然灾害应急措施；建立了以雪灾为主的防灾抗灾减灾领导机构和灾害监测预警、决策、指挥、调度、组织实施体系，形成了县—乡（镇）—村三级灾害信息网络系统；开展了灾害分级管理、雪灾等级标准及防抗灾责任制、灾害快速评估、区划与灾情统计标准的研究工作。地方干部和群众通过与自然灾害的多年斗争，逐步走出了一条"政府主导、村集体互动、牧民自救"的减贫减灾、降损提效发展模式（见图 3.4），有效地保障了牧民的生产生活，提高了生产效益。

（1）由政府组织协调防灾减灾救灾。在雪灾频发地区，双湖县通过有效保障经济和社会可持续发展，将科学管理与地方经验相结合，建立了减贫减灾相结合的常态化管理长效机制。一是制定科学防雪减灾规划和灾害应急预案，并采取切实有效的措施，做好基础设施的防范工作。二是科学管理，结合地方实践经验，提早完成了草场科学划分和畜群结构划分两项最重要的任务，积极推动防雪减灾降损工作跟进。

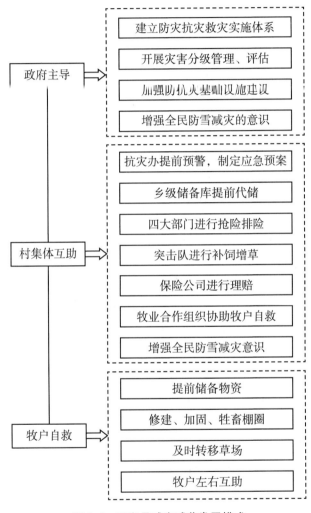

政府主导
- 建立防灾抗灾救灾实施体系
- 开展灾害分级管理、评估
- 加强防抗灾基础设施建设
- 增强全民防雪减灾的意识

村集体互助
- 抗灾办提前预警，制定应急预案
- 乡级储备库提前代储
- 四大部门进行抢险排险
- 突击队进行补饲增草
- 保险公司进行理赔
- 牧业合作组织协助牧户自救
- 增强全民防雪减灾意识

牧户自救
- 提前储备物资
- 修建、加固、牲畜棚圈
- 及时转移草场
- 牧户左右互助

图3.4 双湖县减灾减贫发展模式

①灾前。双湖县各级干部按照上级指示精神，在每年雪灾来临前，县、乡组建防灾抗灾救灾领导小组，村组建防抗救灾突击队，明确具体任务，制订备灾计划。一是绘制"今冬明春"防抗灾战略布局图，准确掌握冬季草场的分

布、放牧点人畜数量、自然村基本情况、抗灾路线路况等相关情况。二是为了迅速应对雪灾，通过市、县、乡、村共同形成了"政府储备 + 家庭储备"的防抗灾战略体系。每五至六个放牧点设一个储备库，将物料储备到自然村、放牧点和房屋条件较好的牧民家中，库内存放衣物、粮草、药品等应急物资，并签订管理协议书，建立工作台账。

②灾中。雪灾发生时，县级防抗救灾领导小组根据具体情况做出响应。一是组织协调动用乡镇、村级部分储备物资。二是协调县交通部门、乡镇、村委各负其责，确保县—乡—村—放牧点的道路全面畅通，确保防抗救灾物资及时送达，切实将受灾损失降到最低。

③灾后。一是县级防抗救灾领导小组经综合研判，调运市级代储、县级代储的饲料到雪灾严重的乡镇，组织人员妥善转移受灾放牧点，在片区放牧点安排实情联络人员，在掌握受灾情况，干群联合投入抗灾救灾工作中。二是协调保险公司对牲畜死亡进行保险理赔，减少牧户损失，防止牧户返贫。三是组织村突击队赴灾区增补应急饲草料及各类兽药。四是组织乡卫生院医务人员赶往受灾点给群众看病。

（2）积极发挥村集体力量，彰显制度的优越性。在防灾减灾和脱贫致富过程中，构建政府—集体—牧民各司其职的工作机制，其中，村集体发挥了重要的作用。为了最大限度地保障人民群众的生命财产安全，提高群众的抗风险能力，双湖县嘎措乡充分发挥集体力量，采用"合作社 + 牧民"模式，人、畜、草场全部纳入合作社，由集体统一管理，年底依据"多劳多得"的原则进行分红。雪灾造成的所有经济损失由合作社承担，农户通过集体的力量对抗雪灾，将灾害对家庭的经济损失降到最低。合作社根据人员和草场情况实行区域性管理，每村设有 25 个放牧点，各放牧点安排人员轮流放牧。牧业合作社还能够统一组织牧户提前储备饲料、干草等抗灾物资，带动牧民群众自筹购买颗粒饲料等，并在接羔育幼时期组织实施接生育幼工作，如 2020 年 3 月，牧业合作社将 1000 多只的母畜（待产）群转场到村委会就近的放牧点，充分利用村委会所在地半劳力，弱劳力和待开学的高中生、大学生等富余劳力，参与接羔工作，大大提高了幼畜成活率，间接提高了集体收入。

在环境脆弱的高寒地区，采用集体经济管理模式，利用合作社集结集体与牧民的力量，互帮互助、按劳分配、风险共担、共同发展，依靠集体力量对抗自然灾害。随着当地群众对抗雪灾的经验和能力不断增长，雪灾导致的牲畜死亡率由之前的5%以上，下降到2020年初的1%左右。例如，2020年1月，双湖县遭遇2008年（"5·20"雪灾）以来最大的一次降雪，尽管全县1镇6乡31个行政村遭受了不同程度的灾害，但是牲畜死亡率仅1.8%，达到近年来的最低水平；尤其是嘎措乡的防抗灾工作成效显著，全乡因雪灾致死的牲畜仅5头牛和9只羊。通过集体之力对抗雪灾风险，这种防灾减贫模式最大限度地保障了群众的利益，即使遭遇罕见的雪灾，也不会导致群众因灾致贫返贫，凸显了社会主义制度的优越性。

（3）牢固树立"防重于抗"的思想。各乡（镇）根据当地气候特点和生产情况建立灾情预警制度。一是随时与县防抗灾办公室联络，整合信息资源，准确掌握本乡（镇）的降雪情况，提前预估灾情。二是在干部群众中树立"防重于抗"的思想，制定防雪减灾规划和灾害应急预案，并采取切实有效的措施，合理配置资源，提高灾害应急反应能力。三是对多灾易灾的乡（镇），加强协调和配合，提早协商研究和确定灾后牲畜转移、人员安置、草场准备等各项事宜，保障跨乡（镇）转场工作的顺利进行。四是加强对草场的管理和合理利用，留足抗灾保畜、接羔育幼草场，科学安排转场放牧时间，严禁无灾季节和非产羔季节提前使用抗灾草场和接羔草场，充分发挥"救急"草场和"育幼"草场的作用。五是完善草场承包经营责任制，坚持草场管、护、用、建"四统一"和责、权、利"三结合"，严格落实"以草定畜、草畜平衡"的方针，切实减轻冬春草场压力，降低自然灾害的威胁，真正落实"有灾抗灾""无灾补饲"的理念。

（4）重视宣传和教育培训，增强牧民的积极性。一是利用干部走访宣传自力更生、艰苦奋斗的观念，增强牧民防抗救灾的自觉性和积极性。二是通过防抗灾知识教育培训，进一步增强全民防雪减灾意识，让牧民掌握雪灾来临的应对措施，提高牧民的主动性，有效做到牧户自救。牧民群众紧紧围绕吃、穿、住做文章，提前贮备充足的粮食、燃料和防寒衣物等物资，尤其是每年入冬前提前贮备够用五个月以上的粮食、燃料，多贮备饲草料（代饲品），做好房前房后人工种草等，保证怀胎母畜在雪灾中补饲，安全过冬越春；在灾害前做好住房和牲畜棚圈的修建、加固工作，做到有备无患。三是做好放牧的管理，在牧草茂盛、天气暖和的季节搬到草质相对较差的草场放牧，在大雪未成灾之前，由政府引导牧户及时迁往冬季居点或向草质好的草场转移，避免灾害。积极调动群众参与，形成上下连动，左右互助合力，正是防抗灾工作成功的基础，也是关键所在。

（5）多方联动，加强基础设施建设，筑牢减灾减贫基础。在灾害来临时，保障基础设施的正常使用是降低灾害的有效途径。双湖县委、县政府加强了对已实施的牧区开发示范工程、牲畜温饱工程等畜牧业基础设施建设项目的管理。一是积极发挥水利、交通、通信、建设等部门力量，注重水利设施的检修，以确保各乡镇人畜有水可饮；注重公路桥梁的抢修，保障灾区人员和物资的运输；注重通信设施的检修，保障通信畅通；注重灾区房屋规划、设计、抢险排险，确保基础设施在防抗灾中真正发挥作用。二是发挥乡镇力量，以嘎措乡为例，为应对当地物资匮乏、交通不便等因素，全乡通过修建大量暖棚来实现"冬圈夏草"（即夏季种草，储备到冬季供牲畜食用），最大的暖棚达 250平方米，可容纳 400 余只羊，能有效保障牲畜在冬季的食物供给。三是修建乡级、村级防抗灾应急储备库，市、县、乡、村共同形成了"政府储备 + 家庭储备"的防抗灾战略体系，制定防灾作战图，利用干部走访进行防抗灾知识宣讲，引导群众提高防抗灾意识，做好防抗灾准备。在雪灾频发时期，提前做好防抗灾基础设施的检查、维修和管理，尤其是对防抗灾储备库、牧民住房、网围栏、暖棚和畜圈等进行全面细致的检查，发现问题，及时补救、及时维修，特别注重暖棚的维修和改善，这成为提升牲畜质量和增加效益的有力保障。

（四）疫灾——四川省新冠肺炎疫情防控与减贫案例

1. 四川省疫情防控及减贫工作概况

新冠肺炎疫情暴发时正值春节前人流高峰，四川省是全国人口大省和劳务输出大省，与湖北省及武汉市人员往来密切，春节前从湖北来川人员达 155.6万、其中 38.9 万人来自武汉。来势汹汹的疫情在较短时间内扩散至全省 21 个市（州），使得人流管控、病例排查等工作面临巨大挑战，人民的生命安全和身体健康均遭受严重威胁。在以习近平同志为核心的党中央坚强领导下，四川省用 24 天实现了首个市（州）确诊病例"清零"，用 33 天实现了全省疫情应急响应级别由一级降为二级，用 55 天实现了全省中高风险区全部转为低风险区，发病率和病亡率均处于全国较低水平。

在疫情形势依然严峻复杂、防控正处在最吃劲的关键阶段，部分农户（主要为四川彝区、藏区农户）由于收入低、基础薄弱、积累少、抵御风险能力差等情况，受疫情影响可能导致部分已脱贫人口返贫、未脱贫人口脱贫难度加大，甚至出现少量非建档立卡人口因"疫"致贫的现象，极大地影响了四川省决战决胜脱贫攻坚工作的推进。

2. 四川省疫情防控及减贫的做法和经验分析

（1）健全体制，构建机制，协同疫情防控和经济社会发展。为应对新冠肺炎疫情的扩散和影响，四川省应急指挥部和各部门紧急采取有效防控措施和经济对策，构筑生命安全和经济安全防线。

在疫情防控方面，一是低风险地区坚持"外防输入"策略，做好防止人员聚集、引导公众加强个人防护等工作，加大力度推进复工复产，全面恢复正常生产生活秩序；二是中风险地区落实"外防输入、内防扩散"策略，以乡镇、街道为单元，进一步细分完善分区分级的防控措施，落实病例救治、密切接触者追踪管理、限制人群聚集活动等措施，加快恢复社会正常生产生活秩序；三是个别高风险地区强化"内防扩散、外防输入、严格管控"策略，继续将疫情防控作为重中之重；四是动态加强和完善"防范境外疫情输入、抓好内防反弹"措施，构建及时发现、快速处置、精准管控、有效救治的常态化防控机制，不断巩固持续向好态势。

在社会经济发展方面，首先，针对薄弱环节，大力推进复工复产，狠抓各项政策落地落实，切实解决各类企业和市场主体发展难题，将疫情对经济社会发展的影响降到最低；其次，加强对经济形势的研判，加大"六稳"（稳就业、稳金融、稳外贸、稳外资、稳投资、稳预期）工作力度，全面落实"六保"（保居民就业、保基本民生、保市场主体、保粮食能源安全、保产业链供应链稳定、保基层运转）任务，用好用足国家政策措施，多措并举，推动扩大内需，着力防范化解风险，坚决守住经济发展底线。

（2）摸排务工意愿，加强用工对接，夯实就业扶贫基础数据。2020年3月，四川省扶贫开发局组织开展全省受疫情影响低收入人口外出务工意愿和产业发展需求摸排和数据采集录入工作，收集就业扶贫基础数据。

一是在目标和责任落实上，准确把握摸排口径，确保"户户清""逻辑清""说得清"，在做好"三保障、三落实、三精准"工作的同时，切实解决低收入人口就业、产业增收问题，并且落实领导责任，做到"亲自抓、天天抓、抓到底"。例如，雅安市将此次对贫困户和边缘户的产业需求、务工意愿摸排与前期安排的贫困对象信息数据核实核准工作进行有效统筹，一次入户，多向采集；同时，组建了8个督导组深入县（区），采用查阅资料、实地核实、电话核查等方式，开展为期一周的集中督导，推动县（区）做好摸排工作。

二是在信息收集上，人社部门通过电话随访、网上经办、"四川e就业"手机端移动办公等方式，及时掌握疫情期间贫困劳动力的基本情况、返岗务工流向及就业创业意愿，做好实名制信息动态更新。例如，乐山市结合疫情防控工作，统筹镇村干部、驻村工作组和帮扶干部，采用电话、微信等方式，结合平时掌握的情况，逐户逐人进行摸排。

三是在数据管理上，通过建立部门间数据协同机制，定期开展数据信息比对复核工作，实现数据信息共享，提高就业帮扶精准度。例如，宜宾市屏山县通过实行网格化管理，依靠镇村组网格构建镇域全覆盖摸排网，全面摸清和收集农民工健康状况、技能工种、就业需求和培训意愿等，建立农民工信息、需求两本台账。同时，加强与上级部门、劳务中介、用工企业对接联动，结合企业用工需求和农民工就业需求，有针对性地提供招聘信息，落实"春风行动"，组织返岗农民工专车、专列。

（3）加大有组织劳务输出力度。一是通过优先支持贫困劳动力务工就业、动态了解贫困劳动力返岗务工需求和意愿、加强与输入地用工信息对接、强化东西部扶贫协作和省内对口帮扶等方式，做实"就业需求、岗位供给"两张清单，提高人岗匹配度。二是对具备返岗务工条件的贫困劳动力，优先开展免费行前健康服务和"点对点、一站式"集中运送到岗服务，提供口罩等出行、返岗物资。三是针对有组织劳务输出实现就业的贫困劳动力，按规定落实一次性求职创业补贴和交通补贴。四是支持经营性人力资源服务机构、劳务经纪人开展贫困劳动力有组织劳务输出，按规定给予就业创业服务补助。

（4）促进就近就地转移就业，多举措解决产销难题。面对疫情对扶贫产业、扶贫项目开工复工的影响，当地政府一方面积极组织扶贫龙头企业、扶贫车间等有序复工复产，倒排工期、挂图作战，抓紧推进扶贫项目开工复工，用足用好帮扶资金和支持政策，促进扶贫产业持续发展，增强欠发达地区的"造血"功能。另一方面，针对一些欠发达地区因疫情影响农畜牧产品滞销的问题，当地政府组织产销对接，疏通这些地区农畜牧产品外销物流梗阻，大力开展消费扶贫行动，用好"四川扶贫"公益性集体商标标识，推动农畜牧产品进商超、进社区、进食堂、进深加工企业，多渠道、多方式帮助群众解决燃眉之急。

（5）统筹公益性岗位安置就业。针对贫困人员受疫情影响而无法返岗务工等情况，为解决这类人群的就业问题，相关部门加大协调统筹力度，根据疫情防控的需要，增设保洁环卫、防疫消杀、卡点值守等临时公益性岗位，优先安置受疫情影响而无法返岗务工的贫困劳动力，并给予适当的岗位补贴；对身体健康、热爱公益事业、自愿参加社区服务的贫困劳动力，适当放宽年龄，并安排财政专项扶贫资金予以保障；完善扶贫公益性岗位管理制度，强化安置退出、日常管理和合理确定补贴标准等工作，切实发挥公益性岗位兜底安置和过渡性就业的作用。

（6）聚焦政策措施落实情况，保障受疫情影响的困难群众的基本生活。为做好疫情防控和复工复产期间困难群众的基本生活保障，四川省切实做好困难群众帮扶工作。

一是围绕 2020 年脱贫攻坚目标任务，将 45 个深度贫困县，特别是挂牌督战的 7 个县、易地扶贫搬迁安置点所在地区作为工作重点，坚持普惠性政策与超常规举措并举，就业帮扶与兜底保障并重，持续推进"贫困劳动力技能培训全覆盖行动"和"一帮一"职业技能培训，组织定向投放就业岗位，提升劳务输出组织化程度，适当扩大公益性岗位规模，多渠道促进贫困劳动力就业增收。同时，加大资金倾斜支持力度，强化重点区域就业扶贫工作保障。

二是摸排辖区内困难群众的生活状况，建立摸排救助工作台账，切实做好救助兜底保障服务；加强救助与就业联动，实施收入豁免和救助渐退政策；密切关注物价变动情况，及时启动社会救助和保障标准与物价上涨挂钩联动机制，向有关对象发放价格临时补贴。

三是做好临时滞留人员的帮扶工作，对受疫情影响，基本生活出现暂时困难，又得不到家庭支持的外来务工人员，由急难发生地按规定给予临时救助；救助管理机构切实加强防控措施和内部管理，防止出现输入性病例和聚集性感染；切实优化简化困难群众求助申请渠道和办理流程，积极推行社会救助全流程线上办理；对已纳入低保等社会救助保障的困难家庭，暂不开展动态复核工作，救助时限自动延长至疫情结束。

四是统筹组织实施和监督检查工作，推动疫情防控期间兜底保障政策精准落地，做到兜准底、兜好底、兜牢底。四川省民政厅牵头出台40余项专项制度文件，在"单人保"、收入豁免、低保渐退期、取消户籍地申请等方面，实施兜底保障政策；推动州县实现低保、特困人员救助供养、临时救助适度扩面、持续提标等。

（7）创新工作方式，防控和攻坚两不误。四川省脱贫攻坚办于2020年2月印发《关于做好新型冠状病毒感染肺炎疫情防控和脱贫攻坚具体工作的通知》，明确在疫情严重的地方，一般不采取入户方式开展帮扶，提出了对疫情防控和脱贫攻坚相结合的创新工作方式。在疫情防控期间，各地利用全国扶贫开发信息系统手机应用程序，抓好建档立卡贫困户信息数据核实核准工作；细化年度脱贫攻坚各项重点工作的具体实施方案；全面梳理资金项目台账，加快建成脱贫攻坚项目库，完善脱贫攻坚相关档案资料，做到账账相符、账实相符；认真谋划，做好对因病致贫返贫群众的帮扶工作，确保脱贫攻坚战的全面胜利。

（8）建立防止返贫监测机制，实施针对性的帮扶措施，消除返贫致贫风险隐患。为消除返贫致贫风险隐患，四川省通过完善低收入人口的长期监测和动态预警机制，加强对脱贫不稳定户、边缘易致贫户以及因疫情或其他原因收入骤减或支出骤增户的监测，实现焦点前移和处置手段前移。以四川省华蓥市为例，该市建立健全返贫监测预警和动态帮扶机制。一是探索低收入人口持续增收路径，出台《关于进一步加强农村贫困边缘户帮扶工作的通知》，财政筹措资金215万元，专项用于补齐低收入家庭的住房、饮水、医疗、教育等方面的短板，有效防止出现新的贫困，确保全面小康路上"不漏一户、不掉一人"。二是建立监测与帮扶机制，印发相关工作方案，如《华蓥市防止返贫致贫监测和帮扶工作方案》，加强对相关农户的监测，提前采取针对性的帮扶措施，明确监测内容及要求，确保责任、工作、政策落实到位。三是动态监测精准扶持。对74户监测户实行每月监测，对发现的预警风险问题及时系统标记，分户建立帮扶台账，明确短板弱项，有针对性地细化完善帮扶措施，由市脱贫办将乡镇无法处理的问题分发到各行业部门进行补短，确保返贫致贫风险隐患消除到位。

四、小结

从政策方面来看，目前各国的灾后政策多以短期的重建与秩序恢复为重点，而对后续长期的补偿与发展关注较少。对因灾致贫返贫的人员，如果缺少长期有针对性的帮扶措施，很容易使他们陷入"受灾—贫困—抗风险能力降低—受灾"的循环，这也给脱贫工作带来了很大难度。尤其是在我国巩固拓展脱贫攻坚成果时期，更加需要重视灾后给予受灾群众足够的支持和帮扶。

减灾减贫的关键在于对灾害的预防和机制准备，应急机制可以在灾害发生后短时间内提供巨大的支持。发达国家有相对完备的自然灾害应急机制，我国在这方面还需要进一步加强。此外，灾害保险在减灾减贫中的作用也不容忽视。应尽早出台《灾害保险法》，引导各商业保险公司通过拓展灾害保险业务，更多地承担灾损补偿，为保险业提供可能的基金积累机制和风险分担机制，扩大巨灾风险分摊体系，减轻政府财政负担。

我国的制度优势可以在灾害发生后迅速调动力量投入抗灾，并且建立强有力的统一指挥，而不必经过诸多繁琐的程序。尤其是党的十八大以来，救灾抗灾和预防并行，资金扶持也转向长期可持续和关注民生的方面，并且在政策方面提高重灾保险、环境保护、可持续发展等在灾害应急机制中的地位，逐步建立起我国的灾害应急机制，优化我国的减灾减贫政策和实践。

第三节　减贫与减灾国际合作

当重大自然灾害来袭时，需要在短时间内调集大量的专业人员和救灾物资，单一国家的力量是非常有限的。国际合作可以在短时间内向受灾地集结全球的优质资源，这无疑可以大大缓解当地抗灾的压力，并且在重建过程中以投资的方式继续支援当地发展。随着全球交流的进一步加深，国际合作在减灾减贫中显得尤为重要。

一、国际减灾 30 年发展历程

1989 年 12 月，联合国大会第四十四届会议通过决议，明确提出 1990—1999 年为"国际减轻自然灾害十年"（国际减灾十年），号召全球各国政府积极参与并支持这一行动。行动的主要目标是最大限度地减少因自然灾害造成的生命财产损失以及对经济与社会的干扰。1999 年,"国际减灾十年"发展为"联合国国际减灾战略(UNSDR)"并成立秘书处,负责联合国成员国之间减轻灾害风险计划和战略的实施,进一步加强国际减灾努力。2019 年,秘书处更名为联合国减轻灾害风险办公室,简称联合国减灾办公室(UNDRR)。30 多年来,降低灾害风险及相关的理念与行动在实践中得到发展(见图 3.5),从 20 世纪 90 年代关注减少脆弱性、加强应灾能力、应急响应和恢复,到近年来向可持续发展、融合气候变化适应和降低灾害风险、增强灾害韧性转变(温家洪等,2019)。

2015年	第三届世界减灾大会,通过了《2015—2030年仙台减轻灾害风险框架》
	可持续发展目标(SDGs)
	巴黎气候协定(CoP21)
2013—2014年	IPCC第五次评估报告
2012年	IPCC《管理极端事件和灾害风险:推进气候变化特别适应报告》
2007年	IPCC第四次评估报告
2005年	IPCC第二届世界减灾大会,《2005—2015年兵库行动框架(HFA):建立国家和社区的灾害韧性》
2001年	IPCC第三次评估报告
2000年	联合国千年发展目标(MDGs)
1999年	联合国国际减灾战略
1995年	IPCC第二次评估报告
1994年	第一届世界减灾大会,《建立更安全世界的横滨战略和行动计划》
1992年	联合国气候变化框架公约
1990年	IPCC第一次评估报告
1990—1999年	国际减灾十年

图 3.5　1990 年以来,减灾、应对气候变化与可持续发展历程

注:IPCC = 政府间气候变化专门委员会。
资料来源:温家洪等,2019。

二、国际合作案例

(一)中斯合作莫拉格哈坎达灌溉项目

斯里兰卡紧邻赤道,属热带季风性气候,时常发生极端干旱和洪涝灾害。该国在 2009 年 5 月结束了长达 30 年的内战,国内经济、基础设施等方面发展严重滞后。农业是该国经济和就业方面的主导产业,面临旱涝交替、水资源和电力设施分布不均等问题。为此,斯里兰卡政府实施了该国最大的水利枢纽工程——莫拉格哈坎达灌溉项目。国家开发银行广西壮族自治区分行以市场化手段构建融资机制,通过与政府、企业合作,提高斯里兰卡农业现代化水平(GPIG,2019b)。

(1)银行与政府合作,提前制定规划,将项目纳入双方合作计划。2011年,国家开发银行与斯里兰卡财经计划部就开展国民经济综合、城市、旅游、工业、能源、交通等领域的规划咨询合作达成共识,并签署《规划咨询合作框架协议》。在规划编制过程中,国家开发银行向斯方提出了改造灌溉系统的建议,将莫拉格哈坎达灌溉项目纳入合作。对于其他的扶贫领域和项目,建议可积极发挥开发性金融的研究规划能力,加强中斯扶贫领域的融智融资合作以及规划对接,同时发挥开发性金融在中国减贫领域的成功经验优势,如棚改扶贫、产业扶贫、旅游扶贫、电商扶贫、易地扶贫搬迁等,将减贫理念与"一带一路"倡议相结合,为斯里兰卡提供扶贫减贫规划咨询。

(2)银行与企业合作,强强联合,加快推动项目实施。一方面,承建商中国水电建设集团国际工程有限公司通过精心勘测和设计,克服了莫拉格哈坎达灌溉项目在坝体设计、施工标准等方面的一系列技术难题,形成了一套完备可行的方案。另一方面,国家开发银行及时、大额的融资方案解除了斯里兰卡政府和承建商对资金的后顾之忧,为项目保驾护航。项目于 2012 年 7 月开工建设,2017 年 1 月下闸蓄水,2017 年 6 月首台机组发电,2017 年 7 月工程完工,2018 年 1 月正式移交。国家开发银行将资金优势与承建商中国水电建设集团国际工程有限公司的技术优势相结合,最终推动了项目的落地和顺利建成。

通过解决灌溉和生活用水问题,带动当地农业和渔业的发展、提供就业渠道、增加居民收入、节省用电费用,莫拉格哈坎达灌溉项目给斯里兰卡带来了各种直接和间接的经济和社会效益,其中农业、发电、居民就业、内陆渔业以及饮用水和工业用水的供应是受益的关键领域，帮助了斯里兰卡有效减贫。

（二）亚洲社区综合减灾合作项目

亚洲社区综合减灾合作项目是由英国国际发展部（DFID）提供资金支持，中国、孟加拉国和尼泊尔作为合作伙伴方，联合国开发计划署负责管理的多方合作项目。该项目旨在通过加强社区综合减灾南南合作，推动亚洲国家间在社区减灾方面的经验分享和交流，扩大减灾共识，提升社区防灾减灾救灾能力（楚问，2018）。

2013年1月，项目一期在北京举行亚洲社区综合减灾合作项目启动仪式。项目组在全国范围内遴选浙江、江西和云南三省共六个示范社区作为与孟加拉国、尼泊尔示范交流的试点，并聘请两位项目专家帮助设计和指导交流示范社区的综合减灾工作。同时，项目组在浙江台州、江西吉安、云南芒市以及云南昆明召开了基于台风、洪涝、地震灾害的研讨会。此外，还编写了《社区综合减灾培训教材》《社区灾害风险评估指南及应用案例》《社区灾害应急预案编制和演练方法指南及应用案例》三本教材和《亚洲社区减灾比较》报告。

2017年9月，项目二期正式启动。民政部国家减灾中心承担了共计97项工作活动，聚焦政策对话和政策建议，举办了中英孟尼四国"巨灾响应高官论坛""地震搜救培训班"等政策对话和管理者培训，完成了《以尼泊尔地震为例评估社会组织参与国际人道主义救援模式》《中孟尼灾害保险机制与模式研究》两份政策研究报告。围绕社区减灾技术开发和能力提升，选取中孟尼7个试点社区开展社区风险识别评估与制图和社区家庭应急物资配置标准规范等领域的技术研究，并多次实地前往中孟尼三国试点社区进行调研和部署，形成社区灾害风险图、社区家庭应急包等实体成果，并举办了六次国内外社区的交流与培训活动。聚焦社区灾害信息共享与服务平台开发和落地应用，在与孟尼两国多次视频会议和实地调研的基础上，完成项目软件需求分析、软件开发测试、内容设计开发、硬件采购部署、系统安装搭建等任务，在中孟尼三国试点社区部署应用社区灾害信息共享与服务平台。

同时，项目的实施对于中国未来防灾减灾救灾国际合作产生了积极影响。随着"一带一路"倡议的有序推进，加强与沿线国家的防灾减灾救灾国际合作以及人道主义援助行动将成为未来中国国际合作的工作重点之一。亚洲社区综合减灾合作项目的实施对于中国未来开展人道主义援助行动与发展援助政策方向、实施路径、合作伙伴关系以及内容设计等方面都产生了积极影响。

（三）"汶川地震"国际合作

2008 年 5 月 12 日，汶川地震发生一小时后，中国国家航天局首次正式启动了国际减灾合作机制，向"空间和重大灾害国际宪章"相关成员提出卫星数据申请。5 月 13 日 14 时，日本航天局向我国紧急提供了其 ALOS 遥感卫星拍摄到的受灾地区雷达卫星遥感图片。根据国家民政部发布的消息，针对"5·12"汶川大地震，国内外多家机构已向中国无偿提供卫星数据和技术支持，累计获取了 11 个国家的 19 颗卫星数据资源，其中包括从"空间与重大灾害国际宪章"机制获取的日本、美国、尼日利亚、英国、法国、德国、加拿大等七个国家空间机构的卫星遥感影像，包括德国宇航局联合 Infoterra 公司提供的多景高分辨率遥感影像。另外，中国台湾的台湾师范大学也将台湾"福卫二号"卫星拍摄到的灾区影像提供给相关机构作为参考（徐捷等，2008）。

截至 2008 年 7 月 18 日，外交部及中国各驻外使领馆共收到外国政府、团体和个人等捐资 17.11 亿元人民币。其中，外国政府、国际和地区组织捐资 7.70 亿元人民币；外国驻华外交机构和人员捐资 199.25 万元人民币；外国民间团体、企业、各界人士以及华侨华人、海外留学生和中资机构等捐资 9.39 亿元人民币。截至 5 月 17 日 16 时，来自中国香港、中国台湾、日本、俄罗斯、韩国、新加坡的六支救援队伍已经抵达灾区开展救援行动。其中，中国香港（20 人）、中国台湾（22 人）、俄罗斯（51 人）的救援队在绵竹开展救援，日本的专业救援队（两批共 60 人）在青川、北川开展救援，韩国的救援队（47 人）、新加坡的救援队（55 人）在什邡开展救援。

三、国际合作对中国的影响

目前来看，减灾减贫的国际合作虽然程度较浅，但对我国的减灾减贫事业产生了积极影响：在同发达国家合作中，中国逐步建立起一套较为完备的减灾减贫体系，同时获得了许多先进的科学技术，并且得以避免之前发达国家走过的弯路；在同发展中国家的合作中，中国始终坚持共同发展，在交流中不断摸索适合本国国情的减灾减贫发展道路，而不是一味照搬，结合发展中国家的贫困问题，有机结合了灾害与贫困问题的解决方法，将灾害导致的贫困问题置于重要位置，符合国情和发展需要，有利于减灾减贫的进步。

四、小结

国际合作拥有反应快、合力强、效率高等特点，能够在第一时间协调国际资源，有利于控制灾情，越来越受到重视。但目前的国际合作实践中仍存在些许不足。首先，大多数情况是灾害发生时各国临时参与，并且以简单的物资援助和派遣救援队为主，缺乏统一组织和完备的体系，如果没有协调好工作，数十个国家的几百名救援队员各自搜救，可能造成更大的混乱，所以未来需要建立起专门的组织及体系。目前虽然已经有诸如"亚洲社区综合减灾合作项目"等，但距离全球性的组织尚有一段距离。其次，目前国际援助的关注点主要是短时间内的救灾，援助方式主要是捐款，援助形式单一、关注点片面。对灾区而言，最主要的是长期的恢复过程以及因灾致贫人员的脱贫工作，探索长期有效的帮扶方式是未来的发展方向。此外，因灾致贫、因灾返贫的根源在于对灾害的防治和抵御能力不足，导致灾害造成重大负面影响。有相当一部分灾害是可以预测的，但是某些地区由于经验不足、技术较差，即使提前知悉，也无力应对，需要提升其应急能力建设。可以从分享经验、提供技术等角度进行国际合作，在灾害发生前做好充足的准备，将损失降至最低。未来在更完善的制度设计和更紧密的联系交互下，国际合作将会在减灾减贫中发挥更大的作用。

第四节　减贫与减灾国际经验启示

1. 进一步加深减贫事业与防灾减灾、灾后重建内在机理的认识和理解，防范潜在风险

减贫是一项长期性任务，灾后恢复重建是分阶段推进的系统工程，在项目推进过程中，不可避免地会存在反复的风险，需要引起政策制定部门和执行机构的高度重视。贫困户可能存在返贫的风险，尤其是在灾害多发区，灾害是主要致贫风险。因此，在减贫与灾后重建联动机制的完善过程中，应加强对潜在风险的排查与防范。

2. 增强减贫与减灾的协同性，构建基于减贫目标的防灾减灾机制，以减灾带动减贫，减贫促进减灾

目前国际上减贫减灾工作并没有有机整合，大多是"机械式"抱团，需要加强二者间的协同性。恢复重建与减贫工作的目标任务具有一致性，降低灾害风险需要进行防灾减灾，防灾减灾是灾后重建的重要内容，采取有效的防灾减灾措施成为扶贫工作的重要组成部分。在灾后重建中要不断融入减贫理念，实现理念的高度统一，通过防灾减灾、灾后重建与减贫工作的有效结合，提高抗灾能力，实现灾前防灾减灾、灾中应急救灾和灾后恢复重建，尽可能减轻灾害发生对贫困的影响，提高减贫工作水平和效果。

3. 不断完善减贫减灾体系

建立完备的灾害防治和贫困治理应对体系，加速立法，并将体制下沉至基层，各级分摊风险，提高风险抵御能力。引入社会力量、资本力量，增加灾后应对方式，保障受灾地生产生活水平，减少因灾致贫返贫。提高减贫减灾科技水平，提升科技的参与度，利用科技防灾减灾，提高当地的生产能力，加速脱贫或避免返贫。优化帮扶的形式与方法，将其向长期化转变，以保证当地步入正常发展轨道。优化易受灾地的产业结构，结合当地条件梯次化配置产业，使其在受灾后迅速运作起来，"以下带上"加快恢复生产，平时则"以上带下"提高生产能力。

4. 培育自助互助的减贫减灾文化

我国在面临灾害危机和贫困问题时，大多把主要希望寄托于政府、公共部门的救助，自救互救意识相对薄弱。遭遇风险时，政府动用大量公共资源或募集大量的社会资源，而挖掘和利用社区已有资源相对不足，这容易造成公共资源的大量浪费。要充分培育群众自助互助能力，利用自身知识、技能及身边资源进行及时、便捷的自救自助，挽救人员伤亡、减少财产损失。

5. 通过"一带一路"倡议，促进减贫减灾的国际合作

"一带一路"倡议是引领全球开放合作、改善全球治理体系、促进全球共同发展繁荣和构建人类命运共同体的中国方案，是世界各国共同的"机遇之路"和"繁荣之路"。可借此构建包容、共享、高效、科学的"一带一路"减灾减贫国际合作机制；将国际减贫减灾合作纳入多边合作框架；构建适宜不同国家和地区的信息共享与减贫减灾合作机制，建立国际减贫减灾管理机构，不断推进减贫减灾的国际合作。

第四章　减贫与减灾的作用机理研究

第一节　减贫与减灾的关系

深刻剖析论证减贫与减灾的关系是探索减贫与减灾的作用机理的前提。研究减灾对减贫的作用机理，要从灾害发生到结束人类所采取的干预措施入手，分析减灾措施对减贫产生的影响。研究减贫对减灾的作用机理，则要从减贫因子入手，分析减贫措施对减灾的影响。

一、减贫与减灾的独立性

从具体政策调控和措施来看，减灾主要通过工程减灾、科技减灾、绿色减灾等，直接的目的是减少灾害对人民群众生命安全、财产安全的影响。减贫的政策和措施主要是通过生态移民、易地扶贫搬迁、生态补偿、土地整治、公共服务均等化等，直接的目的是促进乡村发展。两者的运行流程和方法措施是相互独立的。

二、减灾与减贫的一致性

减灾与减贫的一致性体现在三个方面：一是两者都是以人民的生命安全、经济和环境可持续发展为作用目标；二是两者都是以改善欠发达地区的生产、生活和生态为作用对象；三是两者都是以降低欠发达地区群众的脆弱性，增强这些地区群众的抵御能力为直接或者间接作用结果。这三方面都体现了减灾与减贫的一致性。

三、减灾与减贫的关联性

减灾与减贫两者相互联系，相互渗透，相互促进。通过减灾措施，可以有效保障人民的生命财产安全，保护资源环境的有效利用，促进社会经济可持续发展，从而达到减贫目标。通过减贫措施，提高生态环境脆弱地区人民生命财产安全，提高人民收入水平，使得生态环境得到有效的治理，从而达到减灾或提高对灾害抵御的能力。两者通过安全、经济和环境三个方面内容紧密相连。这三个方面是减灾与减贫关联的纽带，其中安全问题是根本，经济问题是核心，环境问题是关键。减灾与减贫之间内在逻辑关系如图4.1所示。

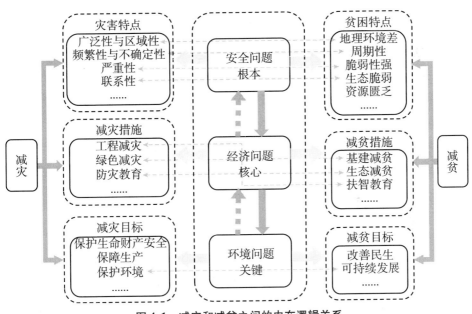

图4.1　减灾和减贫之间的内在逻辑关系

（一）安全是根本

欠发达地区和低收入人口的安全问题是减灾与减贫的重中之重，只有保障了一方平安，才能促进一方发展（苟育海，2020）。从减灾理念来看，应永远把保障人民的生命财产安全放在首位。从减贫的角度来看，"两不愁三保障"、易地扶贫搬迁、基础设施的建设（如医疗、道路），其本质也是从保障安全出发，提高人民的生活品质。

从图4.2可以看出，减灾和减贫的工作以解决安全问题为纽带，具有内在的联系和逻辑。减灾通过工程减灾和防灾教育两种措施，一方面提高生活和生产环境的安全性；另一方面提高人民的安全意识，达到减少灾害对人民生命和财产安全威胁的目标。减贫是通过提高公共服务的供给，如发展教育、科技、文化、卫生等，不仅提高群众对灾害的抵御能力，还能有效提高他们的安全意识。

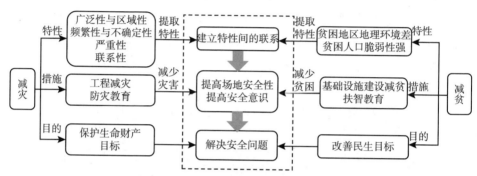

图4.2　以安全问题为本的减灾与减贫间的内在联系

（二）经济是核心

在安全得到保障后，经济问题就是减灾和减贫的核心问题。在灾害损失情况统计中，受灾害影响最直接的一项损失就是经济损失。从减贫视角来看，政府投入足够的资金来完善欠发达地区的农村交通、水利等基础设施，可有效降低自然灾害成灾率和提升资源承载力（龚伦，2017），促使农业增效、农民增收，减少农村低收入人口，最终实现共同富裕的目标。从减灾视角来看，灾害治理本质上就是保障人民的生命财产安全、社会和谐稳定，减少灾害损失的具体措施能够带动乡村发展。

从图4.3可以看出，一方面，减灾为减贫奠定了良好的外部环境，减少了经济损失，降低了返贫风险；另一方面，减贫降低了群众对本地资源的过度依赖，提升了群众保护自然的意识，减少了对脆弱生态环境的破坏，降低了灾害风险，巩固了减灾工作成果。从源头上防灾减灾，从农户生计问题上进行绿色减贫，保证了生产经营活动的正常进行，为实现可持续的经济发展提供了保障，最终还为乡村发展和灾害治理提供了资金保障，增强了区域抵御灾害的能力。

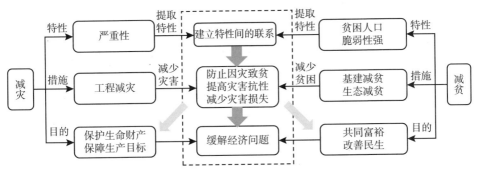

图4.3　以经济问题为核心的减灾与减贫间的内在联系

（三）环境为保障

环境破坏必然会带来自然灾害频发和人居环境恶化等一系列问题，解决环境问题是实现可持续发展的必由之路。在我国欠发达地区，自然灾害直接威胁着人们的生命财产安全。自然灾害与生态环境相互联系、相互作用，防灾减灾应抓住"环境—发展滞后"循环中的环境保护这一重要环节，使欠发达地区群众跳出"灾害—落后"恶性循环。

从图4.4可以看出，一方面，以解决环境问题为目标，通过生态减灾模式，提高生态系统韧性，达到预防或缓冲自然灾害，从而降低低收入人口生活环境的脆弱性和敏感性；另一方面，通过绿色减贫，降低生产对生态环境的破坏，从而提高生态环境的稳定性。减灾与减贫的各种措施与方法均围绕共同面临的环境问题，发挥合力作用，可实现环境与经济的平衡发展。

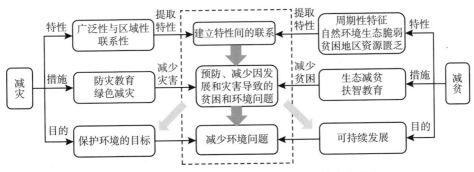

图4.4　以环境问题为保障的减灾与减贫间的内在联系

第二节　减贫与减灾的作用机理分析

根据相关的统计，在我国欠发达地区的致贫因素中，因灾致贫位列第二。在近十年间，我国先后遭遇了"非典"疫情、南方特大冰雪灾害、汶川特大地震、舟曲特大泥石流以及新冠肺炎疫情等一系列重大灾害，受灾地区的低收入人口遭受了沉重打击。减少自然灾害是有效解决欠发达地区因灾致贫的重要途径。

一、减灾对减贫的作用机理分析

当前减灾的方式主要是通过工程减灾、科技减灾、绿色减灾等，保障群众的生命安全，促进欠发达地区经济的可持续发展。一是通过加强工程防治、强化防灾教育、完善预警机制等调节因子，降低自然灾害及次生灾害的影响；二是强化基础设施建设、土地整治优化、调整产业结构等调节因子，保护土地安全，保障群众生命财产安全，提高抗风险能力；三是通过加强环境保护、注重环境监测、增加环保意识等调节因子，增强群众应对灾害的能力，提高其内在动力。

（一）从工程减灾到减贫

工程减灾应用各种基础性或专门性工程设施减少灾害，是防止自然灾害威胁的有效手段，其中又以地质灾害和气象灾害防治为重点。根据国家统计局2004年到2017年的数据，国家对于地质灾害防治的项目数呈增加趋势，地质灾害发生数量呈递减趋势，这在某种程度上表明了灾害防治能有效降低灾害风险（见图4.5）。

对2010—2017年我国发生的地质灾害次数与贫困发生率进行线性拟合（见图4.6），结果表明二者相关系数（r）高达0.9261，说明地质灾害发生与贫困率高度相关。因此，有效的治理灾害能够降低因灾致贫的发生率。

通过工程减灾达到减贫的目标有两种途径。一是通过加强基础设施建设，多渠道促进低收入人口持续增收。通过完善欠发达地区的基础设施建设，不仅能够提高灾害来临时的应急反应能力，减少灾害的威胁，还能促使农业增效、

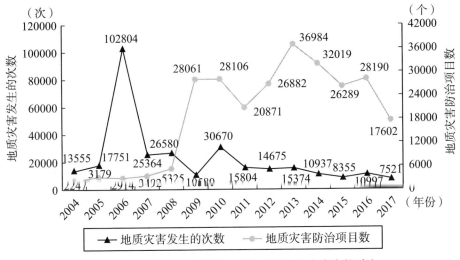

图 4.5　2004—2017 年地质灾害防治项目与灾害次数对比

资料来源：《中国统计年鉴》。

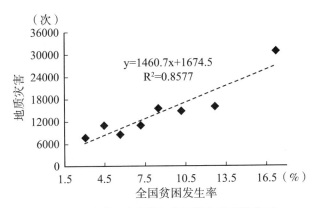

图 4.6　地质灾害次数与贫困发生率间的关系

农民增收，促进经济发展。不同的灾害类型有相应的工程措施，如兴修水库、堤防等防治洪水灾害，利用渠道、机井等预防旱灾，采取锚固等工程防治崩塌灾害，设置抗滑桩等工程防治滑坡灾害等。二是灾后工程治理，减少次生灾害威胁，保护群众安全。次生灾害由原生灾害所诱导，对这些灾害要及时采取措施排查并治理，消除隐患或减少灾害影响。以崩塌为例，在崩塌发生后，可通过主动性控制、软着陆、被动性保护等方式修复（郭昌宏，2019），降低其再次成灾的风险，保障群众的生命和财产安全，避免对受灾群众的二次威胁。例如，2017 年 8 月 8 日九寨沟县境内突发里氏 7.0 级地震，导致 216597 人受灾、29 人死亡、543 人受伤，城乡住房、交通、通信、学校、医院等基础设施和公共服务设施受到不同程度的破坏，世界自然遗产和生态环境受到严重破坏。在各级政府的帮助下，灾区采取积极措施恢复交通、通信等公共基础设施，通过科学的工程治理，探索自然遗产地工程修复保护新模式，实施了诺日朗瀑布、火花海等遗产点的修复、监测与保育等工作。这既避免了灾害的再次发生，又为旅游等支柱产业的恢复奠定了坚实的基础。

（二）从科技减灾到减贫

经过多年来持续的科技投入，我国灾害监测预测预警、风险评估、风险防控、应急救灾、恢复重建等技术水平不断提高，遥感、卫星导航与通信广播等空间技术在应对重特大自然灾害的过程中发挥了重要作用，为防灾减灾注入了强大的科技力量，有力提升了国家防灾减灾救灾能力（曲向芳，2020）。

一是加强自然灾害监测，保护土地，增加经济收入。土地和庄稼是农民的命脉。自然灾害会对以农业生产为主的农户产生重大影响，灾害频发会成为农户返贫、致贫的主要因素之一（张国培，2010）。根据国家统计局的数据，每年都有大量农作物遭受自然灾害的破坏，甚至绝收，农作物受灾类型多、范围广、严重性强，对于脆弱性较强的低收入人口而言，农作物的受灾更增加了低收入人口返贫的风险。

通过气象、地质灾害监测预警等减灾措施，可以保证农作物和土地的安全，使农民的粮食质量安全得到保障。通过新技术应用，根据灾害监测结果进行产业结构调整，使土地资源能够得到更高效的利用，进而增加低收入群众的经济收入。中国气象局在全国层面开展了欠发达地区清洁能源开发利用气象服务，在太阳能与风能资源丰富的地区，精细化推进行政村的普查和开发利用评估。陕西省气象局围绕苹果产业发展，建议陕北优质苹果种植区可适当北扩，新增苹果种植面积 20 万公顷，果品的市场附加值平均提升了 15%（张宏伟等，2019）。甘肃省气象部门通过祁连山区人工增雨（雪）体系工程项目，大幅提高河西地区降水效率，提高了作物和经济产物的产出（李一鹏，2017）。

二是提高自然灾害预警能力，减少灾害对生命财产的安全威胁。通过一系列监测预警等减灾方法，能够减少受灾欠发达地区的经济损失，降低致贫返贫风险，促进乡村发展。2011 年贵州省黔西南州望谟县遭遇"6·6"特大山洪泥石流灾害，当地县气象局根据雷达和区域自动气象站的监测数据，及时发出气象预警信号，为地方党委和政府指挥群众撤离争取了宝贵的时间，最大限度地减少了损失（杨溢，2019）。根据实地调研，西藏双湖县常年发生雪灾，自然环境极其严酷，雪灾具有长期性、周期性和频繁性等典型特征。当地县委、县政府积极与气象部门合作，建立了雪灾科学监测预警方案，制定防雪减灾规划和灾害应急预案，提早完成了草场的科学划分，畜群结构划分等，推动防雪减灾工作跟进。2020 年 1 月，双湖县遭遇 2008 年以来最大的一次性降雪，厚度达 5—9 厘米，但全县牲畜死亡仅 7970 头，死亡率 1.8%，为近年来的最低水平。

三是提升通信技术，提高救援效率，减少损失。当地震洪涝等自然灾害发生后，通过可靠而有效的通信手段（技术）建立灾区内外联络通道，对抢险救灾有着至关重要的作用。青海玉树、云南鲁甸、四川雅安等地相继发生地震，卫星通信技术多次在抗震救灾中都发挥了重要作用（段金发，2020）。例如，2020 年 8 月 30 日晚上，甘洛县阿兹觉乡普降暴雨，局部雨量达到 101.6 毫米，引发了泥石流、山体滑坡，造成群众住房大量倒塌，通信中断，约 1.3 万余人的生命和财产安全受到威胁。当地县委、县政府协及时调通信部门，出动通信技术人员 200 余人次，完成损毁的通信基础设施抢修工作，有效地保障了信息的通畅，极大地提高了抗险救灾的效率。

（三）从绿色减灾到减贫

习近平总书记在党的十九大报告中指出，加快生态文明体制改革，建设美丽中国。研究表明，恶劣的生态环境是导致区域落后和低收入人口产生的四要素之一，而自然资源不合理的开发利用会导致生态环境破坏，使人类陷入恶性循环（纳尔逊，1956；缪尔达尔，1957）。绿色生态减灾抓住灾害的源头治理，抓住环境保护与区域发展循环中的重要一环，减少灾害诱因，避免灾害的发生和减少灾害的成灾规模，使欠发达地区群众跳出"发展滞后恶性循环"。

一是保护治理自然环境，减少灾害诱因，带动乡村发展。集中连片特困地区从区域特点上看，兼具"老、少、边、穷"，普遍人均收入较低，资源过度开发导致生境破坏（邢成举，2013）。绿色减灾能够使资源开发与生态环境协调发展（金鑫，2015），达到协同发展、绿色发展、科学减贫的目的。在欠发达地区，森林减少与土地资源的过度开垦是加重水土流失及滑坡、泥石流等山地灾害，加速河道、湖泊的淤积和导致调蓄洪水的能力降低以及洪旱灾害频繁发生的主要诱因（刘婧，2012）。例如，广西忻城县是石漠化较为严重的少数民族地区，2001 年我国与澳大利亚实施了喀斯特环境恢复项目，将治理退化石山地区生态环境和扶贫相结合，通过种植牧草，促进养殖业发展，加强牲畜管理，实行牛羊圈养，减少家畜对山地植被的破坏，既有效实现了增收，又恢复了生态环境，促进了欠发达地区的可持续发展。

二是加强绿色防灾教育，提高抗风险能力，实现减贫。通过防灾减灾教育，能够提升人们的防灾意识，有助于欠发达地区群众应对突发灾害，并进行相应救助，以此来提高人们应对灾害的韧性（庞迎波，2014）。在灾害来临前，通过教育帮助低收入人口树立生产和生活的信心，激发其艰苦奋斗、自强拼搏的脱贫志向。灾后的定期监测巡查为灾害发生地提供实时保障，减少灾害再次发生时造成的影响。

二、减贫对减灾的作用机理分析

（一）从绿色减贫到减灾

欠发达地区与自然灾害高发区存在"地理空间耦合性"。在灾害频发的欠发达地区，由于受恶劣自然条件、固有思维、资源依赖、受教育程度、生计方式等多维度因子的影响，欠发达地区的生态环境进一步恶化，由此引发的次生灾害造成人员、财产、资源受损，加深了当地的落后局面。在脱贫攻坚实施过程中，通过生态移民、易地扶贫搬迁、生态补偿、土地整治等方式来减贫，改善生存环境、优化生态系统服务功能、提升土地利用效率，进而增加农户的收入，平衡生态环境，达到减少灾害的目的。

1. 通过生态移民和易地扶贫搬迁，改善生存环境，避免灾害

生态移民是指生活在环境恶劣、生态脆弱、分散居住的农牧民，通过搬迁安置于生态环境较好的地区，以促进灾害地生态恢复、提升农户生活条件和区域经济发展的自发式或政府主导式行为（包智明，2004）。（1）通过生态移民易地搬迁，远离灾害发生地，避免灾害的影响。从自然环境角度而言，农户通过政府统一或农户自发式搬迁出原址，减少了对生态环境的人为干扰，让大自然"休养生息"，同时结合人工生态修复，使自然逐渐恢复生态平衡，减少因

生态退化而引发的次生灾害。从低收入人口角度而言，在搬离灾害地后，进行统一管理，不会受到自然灾害的威胁。（2）通过生态移民的易地搬迁，转变生计方式，提高低收入人口的韧性。农户在突破了自然条件的限制后，生活环境得到较大的改善，有了更多的社会资源，能获得教育发展的机会，其思想观念、生活态度和价值观念都会转变，综合素质也会得到相应提高。通过搬入经济相对发达地区，低收入家庭就业和生计方式发生了改变，促使其收入来源更加多样化，收入更加稳定。可见，通过生态绿色减贫，不仅缓解了生态环境的压力，转变了生产生活方式，而且提高了低收入家庭的韧性，从而达到减灾目标。

易地扶贫搬迁是指对居住在生态环境恶劣，自然条件差等不具备生存条件和地质灾害高发地区的低收入群众，按照自愿的原则，在政府的统一组织下，搬迁到生活和生产条件较好的地区，实行有计划的开发式移民，通过开垦宜农宜林荒山荒地，依托城镇和产业发展等方式进行易地安置。易地扶贫搬迁是为了解决"一方水土养不起一方人"的区域性问题。从2001年国家计划委员会出台《关于易地扶贫搬迁试点工程的实施意见》，到2015年1月习近平总书记在减贫与发展高层论坛中首次提出"五个一批"脱贫措施，其中包括"易地搬迁脱贫一批"，易地扶贫搬迁从最初侧重于环境恶劣地区低收入人口脱贫，到开始重视迁出地生态环境恢复，再到当前兼顾后续发展、生态改善以及城市化、工业化等多元目标，易地扶贫搬迁政策体系逐步发展完善（徐源源等，2018）。从易地扶贫搬迁的内涵来看，其与生态移民有许多共同点，都能很好地解决发展和环境问题，防止因灾致贫返贫。移民政策、生态环境、搬迁群体的关系如图4.7所示。

例如，宁夏西海固地区地处黄土高原丘陵沟壑地带，山高坡陡，雨水稀少，十年九旱，位于国家确定的14个集中连片特困地区之一。自1998年起，由于难以就地脱贫，23万群众陆续易地搬迁到地势相对平坦的宁夏吴忠市红寺堡区。经过多年的生态修复，移民旧址已逐渐被绿色覆盖，移民的日子也发生了翻天覆地的变化。

2. 通过生态补偿减贫，提升生态系统服务功能，减少灾害

生态补偿是从社会—生态系统的角度出发，依据生态系统服务价值、生态保护成本、发展机会成本，综合运用行政和市场手段，调节生态环境保护与建

设相关者之间利益关系的综合措施。欠发达地区与生态功能保护区具有高度的重叠性。因此，通过生态补偿减贫政策来调控欠发达地区的资源利用和管理（任能静，2020），可有效促进生产模式的转型和经济效益的提升，使低收入人口和生态环境双重受益。

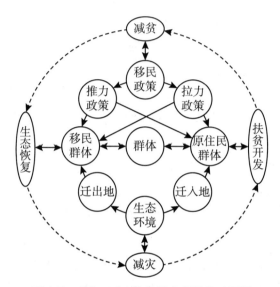

图 4.7　减贫、减灾和移民之间的关系逻辑

资料来源：郭占峰，2020。

近年来，我国在欠发达地区实施了退耕还林、天然林资源保护等生态工程，通过生态补偿方式减贫，进而达到减少灾害的目标。其主要作用方式有直接和间接两种。（1）直接作用方式：一方面，通过生态补偿，为低收入农户提供生态公益性岗位，不仅提高了低收入农户自身的经济收益，还可参与生态环境建设和管理，起到了一定的灾害防治作用；另一方面，通过生态工程建设，提高森林覆盖率，直接降低了水土流失、泥石流、山洪等自然灾害的发生率。（2）间接方式：一方面，通过生态工程建设，美化优化了自然生态环境，提升了生态系统服务供给能力，为潜在的生态旅游发展创造了条件（Daily et al.，1997），为潜在的有机农业产业发展奠定了基础，带动了区域产业发展，提高了农户收益；另一方面，通过生态补偿减贫，使区域农户的生态保护意识整体增强，减少了人类活动对生态环境的破坏。可见，通过生态补偿驱动减贫，不仅使低收入人口的收益更加多元和稳定，还增强了他们保护生态的意识，提升了生态系统的服务功能，从而达到减贫减灾的效果。

3. 通过土地整治减贫，提升土地利用效率，降低灾害

土地整治是运用多维度视角，通过对田、水、路、林、村的综合整治，改善农林业生产条件，提升农村生态环境和生活条件等，发挥经济、社会和生态三大效益（李明山，2020）。在实施过程中，其主要作用方式有三种。（1）通过对低效、不合理利用的土地进行综合治理，改善贫瘠的土地条件，增强农田水利的排灌能力，减少灾害，提升土地质量和利用效率，从而提升生产力水平，进而提高区域经济收益。（2）通过土地综合整治，优化土地利用布局，挖掘生态农业和生态产业的发展潜力。例如，湖北恩施通过土地整治推动了当地茶叶、猕猴桃等特色产业的集约化发展（王远燃，2017）。在实施过程中，一方面，带动了当地的经济发展，为低收入人口提供了就业岗位；另一方面，也提升了农户的自身发展能力和认知水平，进而提高低收入人口收益。（3）通过土地综合整治，对自然灾害损毁地、废弃工矿用地、闲置建设用地进行土地复垦，提升农村生态环境（钟文，2020）。在实施过程中，利用土地复垦改善区域生态环境，恢复生态平衡，不仅构建了良好的可循环生态系统，降低了灾害的发生频率，还可提高再造耕地土地利用率，促进区域可持续发展，从而在实现减贫的同时达到减灾效果。

（二）从公共服务减贫到减灾

公共服务是指由政府部门、国有企事业单位和相关中介机构履行法定职责，根据公民、法人或者其他组织的要求，为其提供帮助或者办理有关事务的行为。公共服务包括加强城乡公共设施建设，发展教育、科技、文化、卫生、体育等公共事业等。研究表明，公共服务低水平供给和分配不均衡是导致致贫的重要因素之一（Gustafsson et al.，1998；李春根，2019），通过制度设计和执行、资源分配，提升低收入群体素质，能够达到"造血式"减贫（肖萍，2019）。在我国脱贫攻坚实施过程中，通过提升公共服务建设均等化、增加公共服务供给两种模式驱动减贫，可提升低收入人口应对灾害的能力，降低或避免灾害的影响。

1. 通过提升公共服务供给能力，提高群众整体素质，增强抵御灾害的能力

通过加大水、电、气、交通、通信、邮电、气象等基础设施投入，提高低

收入人口发展生产的能力，拓展生计方式，增加生产收益。例如，20 世纪 80 年代以来，国家通过加大农村农田水利建设投入，一方面，改善设施水平，提高农业生产率，促进经济增长和实现减贫（郭熙保，2005）；另一方面，改善农田水利设施，提高低收入人口应对排涝、抗旱的能力，减少灾害造成更大的损失。通过发展教育，加强文化、心理、技能培训，转变落后的思想观念和价值取向，提高了自我发展的意识，增强了自身综合素质，从而提高了资源的利用效益。通过完善公共医疗，不仅降低了医疗支出，促进了低收入人口的健康，提高了劳动者的生产效率，还提高了应对突发灾害的能力。由此可见，通过加大公共服务供给，不仅可以直接提升生产收益，还可以提升低收入人口的综合素质，进而增强抵御灾害的能力。

2. 通过公共服务均等化，强化物质基础，提升灾害应对能力

公共服务资源的不均等化是造成欠发达地区发展滞后的因素之一。研究表明，尽管近年来政府不断地提高公共服务水平，但仍有部分地区不能满足基本需求（曾福生，2013）。这种不均衡现象导致欠发达地区的公共服务供给不足、服务效率低下，进而降低了低收入农户抵御灾害的能力（贾康，2007）。一是通过公共服务均等化，可实现欠发达地区基本公共服务水平的提升，避免因公共基础设施的脆弱性和滞后性造成的灾害直接冲击，从而提高低收入人口抵御灾害风险的能力，降低其脆弱性。二是通过公共服务均等化，提供更加便捷的交通和通信，促进农产品销售渠道多元化，增加了农户收益，推动了欠发达地区的经济发展，减少了因不均等公共服务导致的地区发展滞后，而增加的财政收入又进一步用于公共服务建设，最终形成一个有利的循环系统。

三、减贫与减灾的相互作用机理分析

减灾促进减贫，减贫统筹减灾，二者之间存在密切的关联性。通过有效的减灾手段，能够降低灾害所导致的伤害程度，减少经济损失，避免致贫返贫风险。减贫对减灾的作用是通过构建一种抵御机制，提升低收入农户的抗风险能力，降低其脆弱性。

从图 4.8 可以看出，从减灾到减贫，主要通过工程减灾、科技减灾、绿色减灾等驱动因子，保障群众的生命安全，促进欠发达地区经济可持续发展；通过安全、经济和环境为纽带，在进行减灾的同时达到减贫效果。其调节方式

是，通过加强工程防治、强化防灾教育、完善预警机制等调节因子，降低自然灾害及次生灾害的影响；通过强化基础设施建设、土地整治优化、调整产业结构等方式来保护土地安全，保障群众的生命财产安全，提高抗风险能力；通过加强环境保护、注重环境监测、增加环保意识等调节因子，增强群众应对灾害的能力，提升其内在动力。

从图4.8可以看出，从减贫到减灾，主要通过生态移民、易地扶贫搬迁、生态补偿、土地整治、公共服务供给、公共服务均等化等政策，以安全、经济和环境为纽带，改善欠发达地区的生产方式、生活方式、生态环境，提升农民综合素质等。其具体调节措施是，通过优化农业结构、调整产业结构、强化功能配置等措施，提升欠发达地区的生产力水平；通过加强生态环境保护、转变生活方式等改善生态环境；通过加大公共服务供给和均等化等提升劳动力素质和完善公共基础建设；通过优化人力结构、转变思想观念等措施提升劳动力素质。

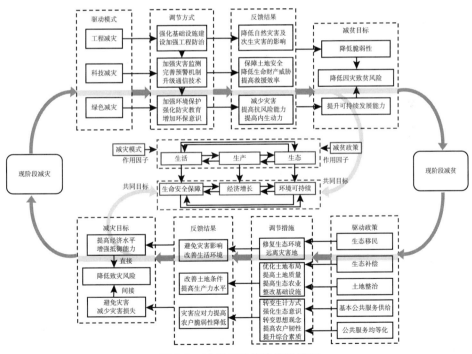

图4.8　减灾与减贫的作用机理

第三节　对今后减贫与减灾的启示

总体来说，现行的减灾减贫措施取得了较好的成效，但防灾减灾与扶贫减贫的工作也存在一定疏离，两大问题的应对和最终解决都需要站在一个更高的维度统筹兼顾、整合资源，进而实现协同治理（商兆奎，2018）。

随着我国公共基础设施的投入，因病、因学等致贫因素将大幅减少，因灾致贫的比例将相对增加。为减少灾害对低收入人口的影响，需要协调和构建多种减灾减贫的措施和模式。在巩固拓展脱贫攻坚成果同乡村振兴有效衔接的时期，我国在延续、整合、优化现行减贫减灾政策和措施的基础上，减贫与减灾应以生态文明和乡村振兴为着力点，通过统筹兼顾、整合资源，构建综合减灾与统筹减贫协同治理方案，并最终实现欠发达地区产业振兴、人才振兴、文化振兴和组织振兴的伟大目标。

一、通过综合减灾促进减贫

2020 年后，一方面，要结合原有减灾模式，继续完善灾害风险评价、人居环境综合规划、灾害防御体系等措施，增强灾害控制能力，提升减灾效果，降低欠发达地区的脆弱性。另一方面，还要结合当前生态文明建设和乡村振兴等新的方针政策，把绿色可持续和生态宜居纳入减灾减贫工作，通过对生态环境监测、环境污染防治等综合防灾，达到防止生态环境恶化和减少低收入人口的目标。

（一）基于生态文明建设的减灾到减贫

把防灾减灾融入生态文明建设的各个方面和全过程，就必须树立"尊重自然、顺应自然、保护自然"的生态文明理念，坚持节约资源和保护环境的基本国策，着力推进"绿色发展""循环发展""低碳发展"，形成节约资源和保护环境的空间格局、产业结构、生产方式、生活方式，努力建设美丽中国，实现中华民族永续发展（周可兴，2013）。在生态文明背景下，我们对于灾害有了新的认识。生态文明的核心是人与自然的和谐共存与发展，它以尊重和维护自然为前提，以人与人、人与自然、人与社会和谐共生为宗旨，以建立可持续的生产方式和消费方式为内涵。防灾减灾建设更要求我们协调好人与自然的关系，同时我们也应该有节制地向自然环境索取。

（二）基于乡村振兴的减灾到减贫

党的十九大明确提出实施乡村振兴战略，并作为七大战略之一写入党章。《中共中央　国务院关于实施乡村振兴战略的意见》和《乡村振兴战略规划（2018—2022 年）》对实施乡村振兴战略做出安排部署，为我国未来的乡村发展指明了方向。

在乡村振兴战略下，国土空间规划体系发生了巨大的变革，对中国特色的乡村规划理论和方法提出了新的要求。规划思想由发展规划向生态文明视域下的保护规划过渡，强调节约、保护优先，强调山水林田湖草是一个生命共同体的理念（范勇，2020）。规划逻辑体现了多规合一，减灾也要适应发展需求，进行综合减灾。具体措施包括：完善灾害防御组织体系，为乡村灾害防御提供有力保障；健全灾害预警信息传播机制，充分发挥灾害预警信息在乡村防灾减灾中的作用；加强装备建设和维护，为乡村防灾减灾提供准确及时的监测预警数据；强化防范公共安全监管，保障百姓生命财产安全；完善灾害防御合作联防机制，形成部门有效对接和深度融合；强化保障粮食安全的防灾减灾服务；开展乡村旅游、森林火险、人工影响天气、山洪监测预报预警等服务；开展富有地方特色的乡村振兴服务。

二、通过统筹减贫推进减灾

2020 年后，乡村发展最为突出的将是低收入人口问题，该群体仍处于弱势地位，具有典型的脆弱性特征，更容易遭受灾害冲击，其根源是原始积累不足、风险防控机制薄弱。因此，在生态文明建设和乡村振兴战略实施阶段，要发挥党政领导作用，通过统筹绿色减贫，改善农村生态环境、提升农业生产效率，改变农民的生活方式和增强农民的韧性，从而实现直接或间接的减灾效果。宏观上要统筹生态修复保护工程、民生工程建设、乡村空间布局优化等政策和措施，逐步实现产业振兴、人才振兴、文化振兴、组织振兴，进而逐步实现共同富裕，全面提升抵御灾害的综合防范能力。其具体方式主要通过以下三个方面来综合实现：一是坚持保护优先，自然恢复为主，推动生态修复保护工程建设，实现工程减灾；二是推动城乡融合，拓展高质量发展空间，提升人口素质，加强乡风文明建设，增强乡村软实力，实现科学防灾；三是通过优化国土空间布局，推动资源节约集约利用，促进三产融合发展，推进绿色产业集群发展，实现绿色减贫、生态减灾。

（一）通过生态修复保护工程，推进农村绿色产业发展，减少灾害

加大农村生态环境保护与修复，推进农业绿色发展，是促进生态系统功能恢复平衡、趋于稳定的重要手段。其主要方式是，通过统筹山、水、林、田、湖、草生态系统修复工程，优化生态安全整体屏障体系，协调推进森林、草原、水域等生态系统的动态监测，加大对退耕还林、化肥和农药减量、地下水超采和重金属污染地区治理等方面的投入。通过生态修复保护工程，生态环境得到改善，生态功能趋于平衡，灾害风险降低。通过生态修复保护工程，优化产业结构。一方面，优化农业结构，加快构建现代农业绿色产业体系，提升生产力水平和经济效益；另一方面，充分挖掘本地资源，积极发展乡村旅游、康养，实现生计方式的多样化，提升农户应对灾害的能力。通过生态修复保护教育工程，提高环保意识，促使农民通过转变生产方式，减少化肥、农药面源污染，推进农业绿色生产；促使农民改变生活方式，减少生活垃圾污染，从而减少因污染导致的灾害。在环境修复和资源整合的双重作用下，不仅能增加农户收益，而且还能达到减少灾害的效果。

（二）通过民生工程建设，增强综合实力，提升抵御灾害的能力

通过加强农村基础设施建设、增加公共服务供给，促进基础设施的韧性和保障力，避免因公共设施的脆弱性和滞后性而加大灾情的影响。同时，提升农民技能，优化人力结构，提高生产效率，加强乡村民风建设，提升乡村软实力，推动可持续发展。

一是需要推动公共资源向农村倾斜，增强教育、医疗、卫生等保障，破除城乡发展不平衡、不充分等问题，促进城乡融合；通过优化住宅、道路交通系统，建设更为安全的引水设施、更加稳定的供电网络，强化排水系统等基础设施，为农户的卫生健康、生活安全提供安全保障（孙小杰，2015），整体提升抵御风险的能力，降低自身脆弱性。二是优化人口结构，提升人力资本。通过文化教育、心理教育、技能培训等，转变思想观念和意识形态，树立独立自主意识，培养自身综合技能和自我发展能力，提升劳动力就业质量，增加群众的生计方式和收益渠道。三是加强乡风文明建设，推进乡村治理。对乡村传统文化进行挖掘、开发和传承，丰富乡村文化活动，增加村民间的互动和信息交流，建设人与自然和谐宜居的美丽家园。当面临灾害时，健康和谐的村民关系更有助于相互协作、互相帮助，提升应对灾害的能力。

（三）优化乡村空间布局，改善生态环境，降低灾害风险

当前乡村面临村落空心化、土地资源的低效利用等问题，造成资源浪费和环境污染，村落作为社会经济发展的空间载体，需要转型发展和重构。依据村落自然环境、社会经济、交通区位等基本条件，通过国土空间规划，对用地结构和布局进行调整，优化乡村空间格局与功能配置，立足资源禀赋优势，推进农业现代化、集约化，促进三产融合发展，把空间资源转为生产力，提高群众经济收入，降低灾害隐患。

土地空间布局的优化是把零星的、不合理的、废弃的、粗放利用的农业用地进行综合整治，改善土地利用结构和生产生活条件，以增加有效耕地面积，提高耕地质量，提升土地利用率。也可通过废弃土地复垦、宜耕未利用地开发，增加植被覆盖度，减少水土流失，改善生态环境。通过资源融合，从多维度、多层面发挥资源禀赋优势，盘活国土资源，带动乡村旅游业、特色手工业等，推进绿色产业集群发展，提高农户收益，降低农户脆弱性。同时，加强农村宅基地等"三块地"的转型利用，完善"三权分置"，在坚持土地集体所有权的基础上，最大限度地盘活闲置建设用地及农村撂荒耕地等土地资源，激发转型活力。

三、减贫与减灾相互作用

2020年后，以生态文明建设和乡村振兴为着力点，通过强化党政主导作用，采取综合减灾与统筹减贫将是未来减灾减贫的重要方式，二者之间存在紧密的关联。

从图4.9可以看出，从综合减灾到减贫，主要以国土规划、生态文明政策为基础，并结合现有政策，通过生态环境监测、新科技的应用、环境污染防治等综合减灾的措施，防止生态环境恶化，减少低收入人口的各类损失，降低欠发达地区的脆弱性。从统筹减贫到减灾，主要以乡村振兴政策为主，并结合现行政策，推动农村绿色产业发展，增强欠发达地区综合实力，优化乡村空间布局，提高资源利用效率，激发转型活力，改善生态环境，从而提高农户抵御灾

害的能力。

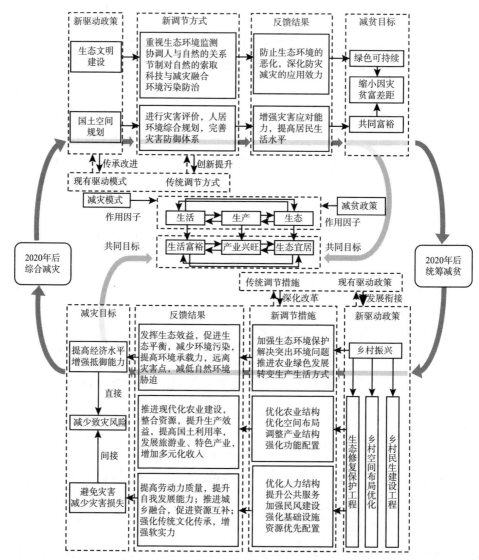

图 4.9　2020 年后减灾与减贫相互作用的框架

第五章　减贫与减灾的作用机制研究

第一节　减贫与减灾作用机制的
制度基础与背景分析

一、2020 年以前的减灾基本制度框架

（一）减灾基本制度的历史演进

我国幅员辽阔，地理条件和气候条件复杂，自然灾害频繁地发生，威胁着民生经济，因此自古以来减灾救灾都是国家关注的重点。新中国成立以来，我国对灾害的预防和救助管理突破了原有的体制，进入了崭新阶段。但是，"减灾"这一概念主要是在 1989 年"中国国际减灾十年委员会"成立以后才出现。从新中国成立之后到"中国国际减灾十年委员会"成立之前，这一阶段的主要任务是灾害救助，虽然也有从事减灾方面的活动，但是比较分散、零星并依附于救灾，并没有独立的减灾体系。因此，关于减灾基本制度的历史演进，主要以 1989 年"中国国际减灾委员会"的成立为起点，先后经历了三个阶段（赵官虎，2019）。第一阶段是 1989—1998 年的形成与调整阶段。该阶段以中国国际减灾十年委员会成立为出发点，初步形成和调整了我国减灾的基本制度。第二阶段是 1999—2010 年的快速发展阶段。1998 年我国长江、松花江等发生了严重的洪涝灾害，此次灾害的发生暴露了我国减灾救灾体制的诸多缺陷，由此我国的减灾救灾制度进入了快速发展的阶段。第三阶段是 2011—2019 年的稳定发展阶段。在这一阶段，国务院发布了各种防灾减灾规划，不断完善我国的防灾减灾体系，以确保我国防灾减灾制度的有效运行。

1. 形成调整阶段（1989—1998 年）

1989 年，中国政府为了响应联合国关于国际减轻自然灾害十年的决议，于 1989 年 4 月成立了中国国际减灾十年委员会。此后，"减灾"的概念被广泛应用，防灾减灾制度初步形成，减灾逐渐成为一个独立的体系，并在应对自然灾害中发挥了重大作用。党中央也做出了相应的举措，提出了"以预防为主、防抗救相结合"的方针；不断完善全国灾害信息网络及辅助决策系统建设，并设置相应的灾害分级管理系统，加强地区之间的灾害联防、联抗、联救工作，提高灾后快速恢复重建的水平；重视减灾科研，发展减灾技术，逐步完善救灾体系。随之而来的具有针对性、主动性的减灾活动也大力开展起来。减灾活动的开展既表明了救灾理念的重大转变，也预示着政府对救灾管理重视程度的提高。"减灾"概念的提出、减灾机构的设立和减灾活动的开展表明，减灾不再依附于救灾过程，它的独立性正在不断提高，"防、抗、救相结合"的方针第一次真正落到实处。

在 20 世纪 90 年代以前，我国传统的救灾减灾体制是以中央政府作为唯一的责任主体，统揽一切工作。但是随着改革开放，我国各个领域的改革不断深入，传统的救灾减灾体制已经不能适应社会发展的需要，亟须进行改革。面对这些问题，1993 年 11 月，民政部在福建召开了全国救济救灾工作座谈会，研究建立适应社会主义市场经济体制的救灾救济工作管理体制和运行机制，提出了深化救灾体制改革、建立救灾工作分级管理、救灾款项分级承担、建立完善救灾预备金制度的新思想。此次座谈会调整了我国的救灾减灾体制，是一次重大变革，为以后的减灾体制发展奠定了基础。在 1994 年 12 月召开的第十届全国民政会议中，对于救灾减灾问题，再一次强调分级负责的救灾减灾体制。1996 年 1 月，民政部在广西南宁召开了全国民政厅（局）长会议，专门讨论研究救灾工作的分级管理问题，减灾救灾体制不断调整完善。

2. 快速发展阶段（1998—2010 年）

1998 年，长江、嫩江、松花江等流域发生了特大洪水，据国家防汛抗旱总指挥部统计，有 29 个省（区、市）遭受了不同程度的洪涝灾害，受灾面积 3.18 亿亩，成灾面积 1.96 亿亩，受灾人口 2.23 亿人，死亡 4150 人，倒塌房屋 685 万间，直接经济损失达 1660 亿元（桂慕文，2000）。洪涝灾害的规模和破坏程度考验着我国的救灾防灾体系。在此次抗洪斗争取得胜利的同时，也暴露了我国应急救援能力、救灾物资储备、减灾设施建设和技术等方面的不足。因此，以 1998 年的洪涝灾害为界，以"体系建设"和"能力建设"为核心的防灾救灾体系进入了快速发展阶段。

1998 年，国务院批准实施《中华人民共和国减灾规划（1998—2010 年)》（简称《规划》)。该《规划》指出，要总结以往 40 多年的减灾工作经验和教训，明确减灾工作的指导方针、主要目标、任务和措施，调动一切积极因素，合理配置资源，减少灾害造成的损失。《规划》的颁布实施表明我国的减灾救灾体系进入了快速发展阶段，减灾救灾工作也朝着制度化、规范化、法制化的方向迈进。1998—2010 年，各地区、各部门、各行业都大力加强减灾工程和非工程建设，国家防灾减灾能力明显提高，灾害损失明显下降。灾害管理体制、机制和法制建设取得重要进展，2000 年中国国家减灾十年委员会更名为中国国际减灾委员会，后于 2005 年更名为国家减灾委员会，成立了专家委员会，部分地方还成立了减灾综合协调机构，减灾管理体制、政策咨询支持体系、综合协调机制日益完善。我国先后公布实施了防震、消防、防洪、气象、防沙治沙等 30 余部法律法规，减灾政策法规体系不断健全。除此以外，初步建成了灾害监测预警预报体系，减灾工程建设方面也取得了重大进展，基本形成了自然灾害应急处置体系，减灾科普宣传和国际交流合作也全面推进。

3. 稳定发展阶段（2010—2019 年）

减灾救灾体制经过 1998—2010 年的快速发展，基本框架已经形成。由于全球气候变化，自然灾害的风险程度依旧很高，防灾减灾仍然面临着巨大挑战。面对严峻的灾害救助形势，政府部门以及社会各方通力协作，抗灾救灾工作高效有序开展，减轻了灾害带来的损失。即便如此，在自然灾害监测预警预报、城乡基础设施、应急救灾物资储备、防灾减灾科技等方面依然存在着一些问题，防灾减灾救灾体制需要进一步发展完善。

2011 年 11 月 26 日，国务院印发了《国家综合防灾减灾规划（2011—2015 年)》，总结了"十一五"期间防灾减灾工作取得的成效，分析了"十二五"期间防灾减灾救灾工作面临的形势、挑战和机遇，并对我国的防灾减灾救灾体制做了进一步的完善。该文件明确提出"十二五"期间我国防灾减灾工作的基本原则是"政府主导，社会参与；以人为本，依靠科学；预防为主，综合减灾；统筹谋划，突出重点"，要加强自然灾害监测预警、风险调查、工程防御、宣传教育等预防工作，坚持防灾、抗灾和救灾相结合，综合推进灾害管理各个方面和各个环节的工作。经过不断完善的防灾减灾救灾体制在"十二五"期间遭遇洪涝、地震等自然灾害时发挥了重要的作用。在自然灾害发生时，各地有力有序有效开展抗灾救灾工作，取得了显著成效。统一领导、分级负责、属地为主、社会力量广泛参与的灾害管理体制逐步健全。我国制定、修订了一批自然灾害法律法规和应急预案，进一步完善了应急救援体系，加大了防灾减灾宣传教育和普及，国际交流合作更加深入，"减灾外交"成效明显。经过"十二五"期间国家综合防灾减灾规划的有效实施，防灾减灾救灾的框架体系进一步完善。然而，"十三五"时期是我国全面建成小康社会的决胜阶段，也是全面提升防灾减灾救灾能力的关键时期，因此，2016 年颁布实施了《国家综合防灾减灾规划（2016—2020 年)》，在防灾救灾法律制度、体制机制，灾害风险监测，灾害应急能力，科技防灾减灾救灾能力等方面做出了具体的规定。自《国家综合防灾减灾规划》实施以来，出台了一系列法律法规，进一步完善了防灾减灾救灾体制；加强了灾害监测站网建设，提升了灾害风险监测能力；以科技创新驱动和人才培养为导向，加快建设各级地方减灾中心，充分发挥了现代科技在防灾减灾救灾中的支撑作用；将防灾减灾教育纳入国民教育体系，不断提升人们的防灾减灾意识；与世界各国、国际组织等深入开展防灾减灾合作与交流。2011—2019 年，我国防灾减灾救灾体制稳步发展。

（二）减灾基本制度框架分析

自 2016 年《中共中央　国务院关于推进防灾减灾救灾体制机制改革的意见》以及《国家综合防灾减灾规划》等文件实施以来，我国的防灾减灾基本制度框架不断完善。目前，我国减灾基本制度框架是以中央发挥统筹指导和支持作用，各级党委和政府分级负责，地方就近指挥、强化协调并在救灾中发挥主体作用、承担主体责任。在核心思想方面，坚持"两个坚持""三个转变"的指导思想。"两个坚持"是指要坚持防灾、减灾、救灾相结合，坚持灾前、灾中、灾后统筹。"三个转变"是指注重灾后救助向注重灾前预防转变，从应对单一灾种向综合减灾转变，从减少灾害损失向减轻灾害风险转变。"两个坚持"和"三个转变"是我国防灾减灾救灾工作遵循的重要指导思想。

在综合灾害管理体制方面，应急管理部发挥防范化解重特大安全风险、健全公共安全体系、整合优化应急力量和资源的作用，国家减灾委员会则统筹灾害管理和综合减灾，加强各种自然灾害管理全过程的综合协调，强化资源统筹和工作协调。对达到国家响应等级的自然灾害，中央发挥统筹指导和支持作用，地方党委和政府在灾害应对中发挥主体作用，承担主体责任。利用社会力量和市场参与机制，进行政府和社会的协同联动救灾，使得救灾能力大大提升。通过将防灾减灾纳入国民教育计划，以及媒体关于防灾减灾知识的宣传，国民的防灾减灾意识得到了较大提升。在科技防灾减灾方面，利用灾害监测预警、重大自然灾害防治、生命探测搜寻、避险救援、安置保障等先进技术和设备装备，防灾救灾能力大幅提升，减少了火害损失。在国际交流方面，由于我国的防灾减灾救灾技术在国际上仍处于相对落后的状态，我国开展了深入的国际交流学习，借鉴国际先进的减灾理念和关键科技成果，不断提高我国的防灾减灾救灾能力。

二、2020 年以前减贫基本制度框架

（一）新中国减贫基本制度的历史演进

1. 1949—1977 年，以保障生产为主

新中国成立伊始，国家经济处于调整恢复阶段，大部分人还没有从土地中解放出来，人均国民收入仅 27 美元，是亚洲人均国民收入的三分之二，低收入成为一种常态。为了改善这种状况，政府主要采取的是"救济式"扶贫，主要体现在土地制度的变革、基础设施建设、社会保障制度建设等方面。1946—1953 年，开展了大规模的土地改革运动，改变封建土地制度为集体土地所有制度，土地制度的变革为我国大规模减贫和提升农村居民生产生活条件打下了坚实基础，也为我国的工业化和现代化提供了体制基础。人民公社体制的建立使农村的基础设施得到了改善，由图 5.1 可以看出我国机耕面积和有效灌溉面积在 1952—1978 年间的变化；由图 5.2 可以看出这一阶段农村用电的发展。在农村金融体制方面，1949—1958 年大力开展信用合作，大部分农村建立了农村信用合作社，搭建起了全国性的农村信用网络，农村信用社累计为农民提供农业贷款 1373.5 亿元，在一定程度上缓解了当时农村普遍存在的资金短缺问题。1950 年以来，以中国农村卫生院和"赤脚医生"为代表的医疗卫生体系成为全球农村卫生工作的样板，极大地提高了农村人口的健康水平和寿命。"五保户"、储粮制等制度形成了初步的农村社会保

障体系（王曙光等，2019）。

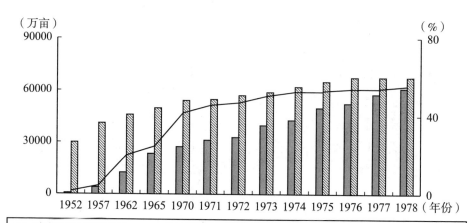

图5.1　我国机耕面积和有效灌溉面积变化情况

资料来源：《中国农村经济统计大全（1949—1986）》。

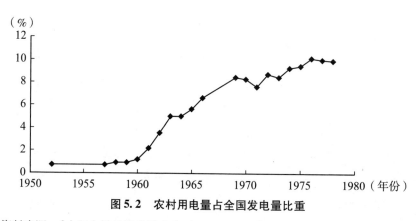

图5.2　农村用电量占全国发电量比重

资料来源：《中国农村经济统计大全（1949—1986）》。

2. 1978—1986 年，以扶持、开发贫困地区经济为主

1978 年，党的十一届三中全会重新确立了实事求是的思想路线，与此同时，中国共产党领导下的扶贫事业进入了以农村经济体制改革驱动扶贫的崭新历史阶段（白增博，2019）。自改革开放以来，伴随着家庭联产承包责任制的推行，释放了农村的潜在生产力，激发了农民脱贫致富的内在动力，农村经济

呈现出了前所未有的活力，同时东部与西部、城市与农村之间的贫富分化问题开始显现。这一阶段是我国扶贫模式政策开始由"输血式"救济转变为以扶持、开发贫困地区经济为主的变革阶段（王曙光等，2019）。据统计，1978—1985 年，尚未解决温饱的贫困人口由 2.5 亿人减少至 1.24 亿人，贫困发生率由 30.7% 下降至 14.8%（王曙光、王丹莉，2019）。1984 年制定的《关于帮助贫困地区尽快改变面貌的通知》和 1986 年正式开始实施的《国民经济和社会发展的第七个五年计划》，成为我国今后很长时间扶贫开发工作的指导文件。从国家层面来讲，政府设立了专属基金，加入了扶贫投入，尤其是加大了对少数民族自治区的补助额，1982 年实施了"三西"（河西、定西、西海固地区）农业建设计划，开创了我国扶贫区域开发和易地脱贫的先河；同时，针对农村收入性贫困，国家提高了粮棉等主要农副产品收购价格，改革农产品流通体制，允许除国家控制的粮棉油之外的农副产品在城乡之间进行贸易往来，提高了农民的生产性收入（白增博，2019）。政府逐渐开始重视对贫困人口的"造血式"脱贫。从社会层面来讲，鼓励社会积极帮扶贫困人口，鼓励大学生回乡建设，实现技术人才资源等多方面互助。

3. 1986—1993 年，以有组织的开发式扶贫为主

随着改革开放的不断深入，城乡收入差距越来越明显。在这一阶段，扶贫方式更加规范化、组织化，更加重视内生化扶贫模式的运用（王曙光等，2019）。这一时期，我国扶贫逐步由救济式扶贫转向开发式扶贫，确立了区域扶贫和开发式扶贫的基本方针。1986 年 5 月，国家成立国务院贫困地区经济开发领导小组，将贫困地区经济问题单独列出，这标志着我国扶贫工作走向规范化，国家扶贫组织不断完善。1988 年 7 月，国务院决定将国务院贫困地区经济开发领导小组与"三西"地区农业建设领导小组合并。1986—1993 年，共有 331 个县被确定为国定贫困县，370 个县被确定为省级贫困县（白增博，2019）。中央政府安排专项扶贫资金（主要包括专项扶贫贷款、以工代赈和财政发展资金）对确立的国定贫困县进行扶持。

4. 1994—2000 年，以大规模减贫为主

这一阶段的主要减贫制度是"县域瞄准、多元共治"，党中央把省一级作为考核单位，明确权利、责任、资金、任务"四个到省"原则。1994 年，国务院提出了《国家八七扶贫攻坚计划（1994—2000 年）》，划定了 592 个国定

贫困县，提出要在 20 世纪末基本解决 8000 万人的温饱问题。为了实现这一目标，国家实施了大规模的减贫措施。在这一阶段，国家经济快速发展，为扶贫事业的进步提供了强有力的支持，累计投入扶贫资金 1127 亿元，相当于1986—1993 年扶贫投入资金的 3 倍（王曙光、王丹莉，2019）。为了保证扶贫资金能够真正落实到户，提高资金的使用效益，一方面，把群众是否真正脱贫以及脱贫进度等作为国家对贫困地区领导干部考核的主要标准，加强领导干部的扶贫责任制；另一方面，将资金重点投入贫困人群集中的地区，省定贫困县不得占用中央扶贫资金，真正做到扶贫资金"及时下达，足额到位"。同时，社会各界也以不同形式加入贫困地区的开发建设：共青团中央和中国青少年发展基金会发起的"希望工程"、统战部和全国工商联组织推动的"光彩事业"以及其他民间扶贫团体开展的多种扶贫活动，都从不同方面促进了贫困地区经济社会的发展。

5. 2000—2012 年是巩固温饱成果的综合扶贫开发阶段

为了尽快解决少数贫困人口的温饱问题，巩固脱贫成果，2001 年 6 月国家出台了《中国农村扶贫开发纲要（2001—2010 年)》，指出我国 2001—2010年扶贫开发的总奋斗目标是：尽快解决少数贫困人口温饱问题，进一步改善贫困地区的基本生产生活条件，巩固温饱成果，提高贫困人口的生活质量和综合素质，加强贫困乡村的基础设施建设，改善生态环境，逐步改变贫困地区经济、社会、文化的落后状况，为达到小康水平创造条件。这一阶段强调扶贫开发要"以市场为导向"，市场在资源配置中起决定性作用，坚持政府主导，全社会共同参与；以提升贫困人口可行能力为扶贫工作的重点，贫困人口可行能力的提升是内生性扶贫的核心。同时，特别强调科技、教育、卫生、文化事业的发展对于扶贫的重大意义，其要旨在于提升贫困人口的人力资本和社会资本，使其在减贫过程中可以利用自己的人力资本和社会资本实现自我脱贫。为了促进共同富裕，实现 2020 年全面建成小康社会的奋斗目标，2011 年 12 月，中共中央、国务院印发《中国农村扶贫开发纲要（2011—2020 年)》，对我国未来的扶贫工作提出了更加系统的战略规划，并指出"我国仍处于并将长期处于社会主义初级阶段"，在较长时期内存在贫困地区、贫困人口和贫困现象是不可避免的。

（二）减贫基本制度框架分析

2012 年，党的十八大在十六大、十七大确立的全面建设小康社会目标的基础上，提出了到 2020 年全面建成小康社会的总蓝图。到 2020 年，全面建成小康社会，实现中华民族伟大复兴"两个一百年"目标中的第一个百年奋斗目标，是中国共产党对全国人民的庄严承诺。党的十八大以来，以习近平同志为核心的党中央把扶贫开发工作纳入"五位一体"总体布局和"四个全面"战略布局，作为实现第一个百年奋斗目标的重点工作、底线任务。2016 年国务院印发《"十三五"脱贫攻坚规划》，提出"贫困地区农民人均可支配收入比 2010 年翻一番"，明确了产业发展脱贫、转移就业脱贫、易地搬迁脱贫、教育扶贫、健康扶贫、生态保护扶贫和社会扶贫的具体要求和内容，以及健全社会救助体系与农村"三留守"人员和残疾人关爱服务体系建设，逐步提高贫困地区基本养老保障水平，实现社会保障兜底。根据《中共中央　国务院关于打赢脱贫攻坚战的决定》和《"十三五"脱贫攻坚规划》，中共中央办公厅、国务院办公厅出台了 12 个配套文件，对扶贫工作管理、脱贫创新机制、退出机制、成效考核等具体脱贫工作制定了相应政策。各部门出台了 173 个政策文件或实施方案，各地也相继出台和完善了"1＋N"的脱贫攻坚系列文件，对解决贫困问题有了更为精准的针对性措施（左停，2017）。从党的十八大到十九大召开之前，脱贫攻坚迅猛推进，构建了中国特色脱贫攻坚制度体系。

1. 中央统筹、省负总责、市县落实的合力脱贫攻坚责任体系

2018 年 6 月，习近平对脱贫攻坚工作作出重要指示，强调各级党委和政府要把打赢脱贫攻坚战作为重大政治任务，强化中央统筹、省负总责、市县抓落实的管理体制，强化党政"一把手"负总责的领导责任制。

（1）中央统筹：党中央、国务院主要负责统筹制定脱贫攻坚大政方针，出台重大政策举措，完善体制机制，规划重大工程项目，协调全局性重大问题、全国性共性问题。国务院扶贫开发领导小组负责全国脱贫攻坚的综合协调，建立健全扶贫成效考核、贫困县约束、督查巡查、贫困退出等工作机制，组织实施对省级党委和政府扶贫开发工作成效考核，组织开展脱贫攻坚督查巡查和第三方评估，有关情况向党中央、国务院报告。国务院扶贫开发领导小组建设精准扶贫精准脱贫大数据平台，建立部门间信息互联共享机制，完善农村贫困统计监测体系。有关中央和国家机关按照工作职责，运用行业资源落实脱

贫攻坚责任，按照《贯彻实施〈中共中央　国务院关于打赢脱贫攻坚战的决定〉重要政策措施分工方案》要求，制定配套政策并组织实施。中央纪委机关对脱贫攻坚进行监督执纪问责，最高人民检察院对扶贫领域职务犯罪进行集中整治和预防，审计署对脱贫攻坚政策落实和资金重点项目进行跟踪审计。

（2）省负总责：省级党委和政府对本地区脱贫攻坚工作负总责，并确保责任制层层落实；全面贯彻党中央、国务院关于脱贫攻坚的大政方针和决策部署，结合本地区实际制定政策措施，根据脱贫目标任务制定省级脱贫攻坚滚动规划和年度计划并组织实施。省级党委和政府主要负责人向中央签署脱贫责任书，每年向中央报告扶贫脱贫进展情况。省级党委和政府应当调整财政支出结构，建立扶贫资金增长机制，明确省级扶贫开发投融资主体，确保扶贫投入力度与脱贫攻坚任务相适应；统筹使用扶贫协作、对口支援、定点扶贫等资源，广泛动员社会力量参与脱贫攻坚。省级党委和政府加强对扶贫资金分配使用、项目实施管理的检查监督和审计，及时纠正和处理扶贫领域违纪违规问题。省级党委和政府加强对贫困县的管理，组织落实贫困县考核机制、约束机制、退出机制；保持贫困县党政正职稳定，做到不脱贫不调整、不摘帽不调离。

（3）市县落实：市级党委和政府负责协调域内跨县扶贫项目，对项目实施、资金使用和管理、脱贫目标任务完成等工作进行督促、检查和监督。县级党委和政府承担脱贫攻坚主体责任，负责制定脱贫攻坚实施规划，优化配置各类资源要素，组织落实各项政策措施，县级党委和政府主要负责人是第一责任人。县级党委和政府应当指导乡、村组织实施贫困村、贫困人口建档立卡和退出工作，对贫困村、贫困人口精准识别和精准退出情况进行检查考核。县级党委和政府应当制定乡、村落实精准扶贫精准脱贫的指导意见并监督实施，因地制宜，分类指导，保证贫困退出的真实性、有效性。县级党委和政府应当指导乡、村加强政策宣传，充分调动贫困群众的主动性和创造性，把脱贫攻坚政策措施落实到村到户到人。县级党委和政府坚持抓党建促脱贫攻坚，强化贫困村基层党组织建设，选优配强和稳定基层干部队伍。县级政府应当建立扶贫项目库，整合财政涉农资金，建立健全扶贫资金项目信息公开制度，对扶贫资金管理监督负首要责任。

2. 针对多维致贫因素创建"组合拳"政策体系

我国的贫困人口众多，并且由于不同地区之间历史文化和资源禀赋的差异，使得致贫因素繁多且复杂，如农村劳动力不足、资金缺乏、因病致贫、教育致贫、因灾致贫等，对此国家不断创新精准扶贫模式，从多个方面有针对性地进行扶贫。国家相关部门紧密围绕"五个一批"要求，相继出台了173个针对性的政策文件，保障了脱贫攻坚政策的有效落地和工作落实。有关部门在资产收益扶贫政策、旅游扶贫、金融扶贫、基础设施建设减贫、科技扶贫、网络扶贫以及危房改造等多个方面进行了积极探索和创新，不断完善扶贫政策体系，丰富了扶贫政策内容。除了部门政策之外，还针对革命老区、深度贫困地区、特困地区等制定了一系列针对性的政策。图5.3总结了2012—2019年我国扶贫政策的数量，可见数量总体呈增长态势，说明国家对扶贫的力度不断增大。

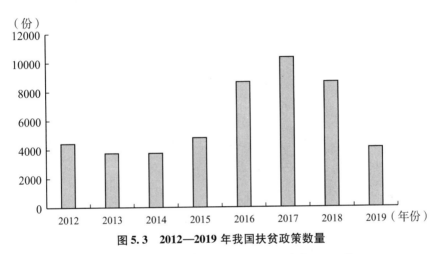

图5.3　2012—2019年我国扶贫政策数量

资料来源：北大法宝政策法规数据库（https://www.pkulaw.com/）。

（1）针对农村资金缺乏的问题，习近平总书记指出要加大对脱贫攻坚的金融支持力度，特别是要重视发挥好政策性金融和开发性金融在脱贫攻坚中的作用。2019年，中国银保监会、财政部、中国人民银行、国务院扶贫办联合发布《关于进一步规范和完善小额信贷管理的通知》，坚持和完善扶贫小额信贷政策，切实满足贫困户的信贷资金需求。同时，要大力开展普惠金融，鼓励金融创新，改善金融供给，丰富金融市场层次和产品，让发展成果更多更公平地惠及全体人民。

（2）针对教育致贫的问题，党中央、国务院高度重视教育扶贫工作，习近平总书记强调，治贫先治愚，把贫困地区孩子培养出来是根本的扶贫之策。2015 年中央扶贫开发工作会议明确提出，按照贫困地区和贫困人口的具体情况，实施"五个一批"工程，明确将"发展教育脱贫一批"列入"五个一批"扶贫脱贫工程之中。2016 年，教育部、民政部、国务院扶贫办等六部门印发《教育脱贫攻坚"十三五"规划》的通知，指出要夯实教育脱贫根基、提升教育脱贫能力、拓宽教育脱贫通道、拓展教育脱贫空间、集聚教育脱贫力量。2017 年，教育部、财政部印发《关于进一步加强全面改善贫困地区义务教育薄弱学校基本办学条件中期有关工作的通知》，为切实做好"全面改薄"中期有关实施工作，确保如期实现全面改薄任务目标，提出具体要求。2018 年，教育部、国务院扶贫办印发《深度贫困地区教育脱贫攻坚实施方案（2018—2020 年）》，要求进一步聚焦深度贫困地区教育扶贫，用三年时间集中攻坚，确保深度贫困地区如期完成"发展教育脱贫一批"任务。2020 年，人力资源社会保障部、教育部、国务院扶贫办印发《关于进一步加强贫困家庭高校毕业生就业帮扶工作的通知》，提出要明确目标任务、摸清就业需求、加强招聘服务、提升就业能力、突出重点帮扶、加强组织领导。目前，教育扶贫作为阻断代际贫困传递的根本之策，在减贫工作中发挥着基础性、先导性的战略作用，已初步完成了教育扶贫全覆盖政策体系。

（3）针对因病致贫，通过提升医疗卫生服务能力、提高医疗保障水平、加强疾病预防控制和公共卫生，有效解决这一问题。根据国务院扶贫办 2015 年全国摸底调查结果显示，我国建档立卡贫困家庭中大约 40% 是因病致贫，国家除了采取医保、合作医疗等制度以外，对建档立卡贫困人口，由国家卫生计生委主抓，实施健康扶贫"三个一批"行动计划，"大病集中救治一批，慢病签约服务管理一批，重病兜底保障一批"。国家卫健委、国家医保局等相关部门认真贯彻中共中央关于健康扶贫工作的部署，出台了一系列面向贫困地区、贫困人口的倾斜性政策，包括医疗费用报销，对口帮扶贫困县的县级医院，对患有大病、长期慢性病的贫困人口实现分类分批救治等。与此同时，摸清贫困家庭的患病情况，在此基础上，专门开发了全国健康扶贫动态管理信息系统，将病患的个人身份、患病病种、救治医疗机构、治疗过程和效果、诊疗费用和报销等详细情况均纳入该动态系统管理。

（4）针对因灾致贫，各有关部门出台相关政策，避免因灾返贫因灾致贫问题。农业农村部办公厅和中国气象局办公室每年会发布关于进一步做好农业气象防灾减灾工作的通知，在部门合作和组织领导等方面做出具体要求，切实抓好农业气象防灾减灾工作，努力提高农业气象防灾减灾能力和水平。尤其是，2020年国务院扶贫办先后印发《关于做好新冠肺炎疫情防控期间脱贫攻坚工作的通知》《关于及时防范化解因洪涝地质灾害等返贫致贫风险的通知》等，将灾害对贫困群众生产的影响降到最低。

3. 与打赢脱贫攻坚战要求相适应的扶贫投入体系

自2011年开始，国务院扶贫开发领导小组每年会下达中央财政专项扶贫资金计划。2019年7月财政部发布的数据显示，2016年以来，国家持续推进贫困县涉农资金整合工作，三年共整合各类涉农资金超9000亿元，2019年安排中央专项资金1261亿元，连续四年每年净增200亿元，年均增长28.6%（董碧娟，2019）。

2020年是我国全面建成小康社会的收官之年。党中央、国务院继续加强中央财政专项扶贫资金投入力度，下达各类中央财政专项扶贫资金1461亿元。国务院扶贫开发领导小组根据各地贫困状况、减贫任务和脱贫成效等因素，对中央财政专项扶贫资金进行了合理安排。聚焦重点对象，将剩余贫困人口作为支持重点，加大对脱贫不稳定人口的倾斜支持，加大巩固脱贫成效的支持力度，确保其2020年顺利脱贫。

4. 集中力量办大事的动员体系

我国具有集中力量办大事的制度优势，可以充分调动各方资源，这为我国的脱贫事业打下了坚实的制度基础。在各级政府机构的正确领导下，通过动员、鼓励和号召的方式，充分调动广大人民群众、社会组织、社会团体、企事业单位的积极性，主动加入社会扶贫工作。我国社会扶贫工作体系包括定点扶贫、东西部扶贫协作、民营企业和社会各界参与扶贫等，例如"万企帮万村"行动。此外，国家确定每年10月17日为扶贫日，设立全国脱贫攻坚奖，以表彰全国脱贫攻坚模范，并建设中国社会扶贫网。党的十八大以来，中西部22个省份签署脱贫攻坚责任书、立下军令状，全国共派出25.5万个驻村工作队，累计选派290多万扶贫干部驻村帮扶（张效廉，2020）。

5. 确保中央决策部署落地落实的督查体系

脱贫攻坚是党中央的重大决策部署，为确保其落地落实，党中央开展脱贫攻坚专项巡视，国务院扶贫开发领导小组每年组织开展脱贫攻坚督查巡查，进行民主监督，加大纪检监察、检察、审计和社会各方面监督力度，此外还设立了 12317 扶贫监督举报电话。

6. 确保真脱贫、脱真贫的考核体系

2016 年 2 月，中共中央办公厅、国务院办公厅印发了《省级党委和政府扶贫开发工作成效考核办法》，明确考核内容包括减贫成效、精准识别、精准帮扶和扶贫资金四个方面，并制定了详细的考核流程。同时，国务院扶贫开发领导小组制定东西部扶贫协作成效评价办法、中央单位定点扶贫工作成效评价办法，并组织省际交叉考核、第三方评估、扶贫资金绩效评价和记者暗访，实行最严格的考核评估。党中央、国务院审定考核结果，较真碰硬，促进真抓实干。2016 年 4 月，中共中央办公厅、国务院办公厅针对贫困退出问题印发了《关于建立贫困退出机制的意见》，明确贫困人口、贫困村和贫困县的退出标准和程序。

三、2020 年以前的减贫与减灾协同工作体制

贫困与灾害总是相伴而生。我国幅员辽阔，复杂的气候条件和地理环境导致我国自然灾害频发，造成了巨大的损失。人口基数大、贫困问题突出也是我国面临重大关键问题。根据国务院扶贫办 2015 年的调查结果显示，全国贫困农民中，因病致贫占 42%，因灾致贫占 20%，因学致贫占 10%，劳动能力弱致贫占 8%，其他原因致贫占 20%（国务院扶贫开发领导小组办公室，2015）。由此可以看出，因灾致贫成为致贫的第二大影响因素。除了致贫，自然灾害也是一个重要的返贫因素，据国家统计局的调查，自然灾害是导致大量人口返贫的主要原因，2003 年的绝对贫困人口中有 71.2% 是当年返贫人口；在当年返贫农户中，有 55% 的农户当年遭遇了自然灾害，有 16.5% 的农户当年遭受减产五成以上的自然灾害，42% 的农户连续两年遭受自然灾害（国家统计局农村社会经济调查总队，2004）。据国务院扶贫办 2007 年的统计，我国农村每年因灾返贫的人数超过 1000 万，其中 70% 的返贫是由自然灾害造成的。灾害与贫困问题可以说是在漫长历史变迁中"积渐所至"，并且时至今日仍是如此。《中国农村扶贫开发纲要（2011—2020 年）》明确了 14 个集中连片特困地区为脱贫攻坚的主战场，这些地区大都自然条件恶劣、生态环境脆弱、灾害易发多

发。贫困人口分布与灾害频发区域呈现出高度的"地理耦合性"，是贫困人口长期以来深陷因灾致贫返贫的泥潭而难以自拔的重要原因。

减灾与减贫一直以来都是国家关注的重点。国务院扶贫办发布的《中国农村扶贫开发纲要（2011—2020年）》指出，要充分发挥贫困地区资源优势，发展环境友好型产业，增强防灾减灾能力，提倡健康科学生活方式，促进经济社会发展与人口资源环境相协调。从"减灾—减贫"的层面来看，可以分为灾前和灾后两个阶段。灾前可以实施一些预警措施，因地制宜调整农业生产结构和实施易地扶贫搬迁，以此来减少因自然灾害而致贫的概率，灾后可以加强基础设施建设，以及整合灾区各项发展资金和技术，提高贫困村和贫困人口的生产生活水平。

（一）灾前预防体制

我国旱涝灾害严重，旱涝灾害带来的经济损失巨大，土地沙漠化以及水土流失等其他灾害也制约着区域社会经济的发展。为此，党中央、国务院站在中华民族长远发展的战略高度，着眼于经济社会可持续发展全局，审时度势，为改善生态环境、建设生态文明做出了退耕还林还草的重大决策。2020年国家林业和草原局发布的《中国退耕还林还草二十年（1999—2019）》白皮书显示，自退耕还林还草20年以来，生态环境得到了巨大的改善，大江大河干流及重要支流、重点湖库周边水土流失状况明显改善，长江三峡等重点水利枢纽工程安全得到切实保障，北方地区严重沙化耕地得到有效治理，2011—2016年以西南地区为主的土地石漠化面积年均缩减3.45%，大大减少了旱涝等自然灾害发生的频率。退耕还林还草工程区大多是贫困地区和民族地区，工程的扶贫作用日益显现，成为实现国家脱贫攻坚战略的有效抓手，对于减贫方面起到了很大的促进作用。

2010年4月27日，中国气象局出台了《打赢脱贫攻坚战气象保障行动计划（2016—2020年）》，推动国家扶贫开发工作重点县和连片特困地区县所在的22个省（区、市）气象局建立相关领导机制，组织全国气象部门做好脱贫攻坚气象保障工作，推动气象助力精准脱贫不断取得实效（林霖等，2018）。中国气象局与国务院扶贫办联合推动贫困地区气象信息服务，中国气象局对全国贫困县的气候资源和气象灾害开展了普查和评价，用权威的气象数据分析全国贫困地区的气候概况及气象灾害情况，提出气象防灾减灾及气候资源开发利用建议，发挥气象资源优势，帮助各地形成特色产业。

当前我国面临的自然灾害形势复杂严峻，防灾减灾救灾体制机制有待完善，灾害信息共享和防灾减灾救灾资源统筹不足，重救灾轻减灾思想还比较普遍，一些地方城市高风险、农村不设防的状况尚未根本改变，社会力量和市场机制作用尚未得到充分发挥，防灾减灾宣传教育不够普及等问题依然突出，2016 年 12 月，中共中央、国务院发布《关于推进防灾减灾救灾体制机制改革的意见》，努力实现从注重灾后救助向注重灾前预防转变，从应对单一灾种向综合减灾转变，全面提升全社会抵御自然灾害的综合防范能力。

进入 21 世纪以来，针对当时尚未解决温饱问题的情况，由于相当一部分低收入人口生活在自然条件极为恶劣、人类难以生存的地方，党中央、国务院提出通过易地扶贫搬迁的办法从根本上解决这部分群众的脱贫和发展问题（李春根等，2019）。易地扶贫搬迁政策的执行大大减少了自然灾害带来的损失，改善了低收入人口的生活水平和生存环境，为我国的扶贫事业作出了巨大贡献。

（二）救灾与灾后重建体制

在救灾以及灾后重建对于减贫的作用方面，短期的救灾主要为政府出台灾害响应预案，及时解决受灾群众的基本生活需求（如口粮、饮用水、衣服、被褥、医疗防疫、临时住房），并进行卫生防疫宣传、自救生存宣传等，牢守救助保障环节，努力阻断返贫的渠道。在中期，政府开展灾后重建工作会议，出台一系列灾后重建的恢复政策，进行基础设施建设及规划（尤其是在产业发展、就业渠道拓展方面），用灾后重建来推动减贫，增强减贫与减灾的协同性，主动防灾避灾。在长期，恢复发展要以生态修复、区域特色绿色产业发展为核心，建立一个完整的产业发展体系，激发受灾群众的内生动力，培育其自力更生的意识和观念，提高其发展能力，实现从"输血"到"造血"的转变，达到通过减贫来提高抗灾能力的目标。

从"减贫—减灾"的层面来看，在宏观上促进区域经济—社会—生态协调发展，整体提升灾害抵御能力。回顾自"九五"以来的《政府工作报告》，生态环保工作经历了可持续发展、融入宏观经济、成为重点篇章三个阶段。2020 年 3 月《关于构建现代环境治理体系的指导意见》（简称《意见》）的出台标志着我国以生态文明制度体系建设为代表的生态环境治理现代化进程进入了一个新的发展阶段。《意见》按照党的十九大的部署，将坚持党的领导、多方共治、市场导向、依法治理等内化于生态环境治理体系中，对现代环境治理体系的目标要求、构建思路与实施路径做出了系统性安排。在环境治理推进过程中，持续将坚持党的集中统一领导转化为推进生态文明建设的制度优势，以生态文明责任为核心，聚合生态文明建设的各方力量，形成多措并举、多方参与、良性互动、协同协作的大环保格局，提升环境治理效能。

在中观上，贫困地区因地制宜发展产业，比如生态旅游、生态农业，改善产业结构向着绿色可持续方向发展，减少对自然资源的过度依赖。为贯彻落实中共中央、国务院《关于打赢脱贫攻坚战的决定》以及国务院《"十三五"脱贫攻坚规划》的精神，充分发挥生态保护在精准扶贫、精准脱贫中的作用，切实做好生态扶贫工作，按照国务院扶贫开发领导小组统一部署，国家发展改革委等部门制定了生态扶贫工作方案，牢固树立和践行"绿水青山就是金山银山"的理念，在组织体制建设上坚持中央统筹、地方负责的原则，在政策体制上坚持精准施策、提高实效，在工作体制建设上坚持层层落实责任。国家发展改革委、国家林业局、财政部、农业部、水利部、国务院扶贫办等部门按照职责分工，形成共商共促生态扶贫工作合力。地方政府有关部门要细化落实生态扶贫工作方案，将生态扶贫作为重点工作纳入年度工作计划，制定出台年度工作要点，对各项任务进行项目化、责任化分解，逐项明确责任单位、责任人、时间进度。把生态扶贫工作作为重点工作进行部署安排，一级抓一级，层层传导责任和压力，形成生态扶贫责任体系。此外，多渠道进行平台建设，如精准扶贫大数据管理平台、"互联网＋职业教育"扶贫生态平台等。

在微观上，注重个人生计资产的积累和能力建设，从个人和家庭层面提升抵御灾害的能力，当个人有更多发展路径、增收渠道的时候，就不会过度攫取自然资源。2019年全国生态环境系统扶贫工作会议在北京召开。会议指出，在行业扶贫方面，要加强生态环保扶贫顶层设计，加快推进贫困地区绿色发展，研究制定政策措施，引导贫困地区产业转型。会议认为，当前生态环保扶贫工作还存在一些问题，一些贫困地区对发展与保护的认识还不到位，发展思路和模式还存在一定程度的"重产业、轻环保"的路径依赖。会议强调，在生态种养殖、有机农业、生态旅游与污染治理和生态保护密切相关的领域，打造能够惠及贫困人口的服务点和着力点；推动将整体保护、系统修复、综合治理与精准扶贫、提高贫困人口收入、逐步改善生产生活条件相结合，继续推进山水林田湖草生态保护修复，支持退耕还林还草等生态工程建设，扩大生物多样性保护与减贫试点，实现生态保护与减贫脱贫双赢。

第二节　减贫与减灾的作用机制

一、减贫与减灾的内在关系

从世界各国的情况来看，灾害已经成为一项重要的致贫因素，灾害的发生加大了落后的深度和广度，减少因灾致贫返贫的发生是我国巩固拓展脱贫攻坚成果的重要内容。灾害与发展滞后之间存在内在耦合关系，减贫与减灾机制设计需要深入理清灾害与乡村发展的内在关联，进而构建具有联动效应的减贫减灾作用机制。下面从直接关系视角、间接关系视角和脆弱性视角，对减贫与减灾之间的内在关系进行分析。

（一）直接关系视角

灾害与区域发展滞后具有显著的正向关系。王国敏（2005）认为，自然灾害与发展落后呈正相关关系，自然灾害导致农村贫困率上升，使农村返贫现象严重，造成农村欠发达地区基础建设落后、文化卫生教育水平差和人力资源素质低下，制约着农村经济的健康发展。罗德里格斯等（Rodriguez et al.，2013）认为，灾害（特别是干旱和洪水）的冲击将直接导致人类发展水平显著下降和低收入水平显著上升。此外，低收入人口自身资产积累少，获得公共服务的机会有限，因此更容易受到灾害的影响（Carter et al.，2007；Blaikie et al.，1994；Peacock et al.，1997）。从地理空间视角来看，丁文广等（2013）的研究表明，不同地理区域的灾害频发与贫困之间的耦合关系很强，且固有的高脆弱性等因素共同加剧了区域发展滞后，灾害与社会经济落后易形成恶性循环。灾害的发生极大地增加了致贫、返贫的风险，灾害直接冲击物质资产，直接导致资产损失，从而致使生存条件恶化或导致返贫。由灾害与区域发展的直接关系可知，完善、落实灾害预防机制，减少灾害发生将直接保障乡村发展，有效实现减贫。随着国民经济的快速发展，2020 年底我国已消除绝对贫困，将全面推进乡村振兴。在这种状况下，需要更加重视减贫质量，完善区域社会协调发展机制，减贫举措要兼顾灾害预防，实现长效高质量脱贫，降低因灾致贫、返贫的风险。

（二）间接关系视角

我国低收入人口主要集中于农村地区，而灾害对农村地区经济增长及生计的影响最大。灾害使得农户生计财产遭受重大损失。莫托莱布（Mottaleb，2013）发现，在灾害影响下，农户可能会提高食品支出而降低教育支出，对人力资本的长远发展造成影响；灾害过后，农民的生活方式也将发生变化，如地震使农户居住地遭受破坏，基本生存环境发生变化，从而影响农民的生活方式。此外，灾害使得受灾对象在心理上形成不同程度的阴影，甚至造成心理创伤，易造成自暴自弃，丧失脱贫信念，对政府及外界扶贫形成强烈的依赖心理；灾害的发生也将进一步加剧农民可持续收入的不稳定性。减灾与减贫的终极目标皆为提高人民生活水平，实现全民脱贫致富。减少灾害的发生，保障人民的生命和财产安全，保证收入稳定，特别是农民的收入稳定，进一步增加低收入人口可支配收入；提升欠发达地区的教育水平，从人力资源入手，提升价值创造能力，减少对自然资源的依赖，增加抗风险能力，从而实现持续减贫。此外，在减贫过程中融入减灾思想。灾难的发生具有极强的破坏性，要做到减贫统筹减灾，应将减灾作为减贫体系中的核心内容来看待，实现减贫减灾协同并进，降低灾害损失，避免因灾致贫，因灾返贫。双向联动，实现减贫与减灾机制的兼容发展。

（三）脆弱性视角

"脆弱性"是指系统由于灾害等不利影响而遭受损害的程度或可能性，主要反映系统承受不利影响的能力（White，1974；Adger et al.，1999）。随着研究的深入，有组织机构和学者提出"贫困脆弱性"（世界银行，2020）、"生计脆弱性"（王国敏，2005）、"社会脆弱性"（Schmidtlein，2011）等概念。社会脆弱性与乡村发展密切相关，脆弱性越大的地区越容易陷入发展滞后的困境。李伯华（2013）提出，农户贫困脆弱性的主要影响因子是相对落后的经济状况、不完善的社会保障以及恶劣的自然环境。生态脆弱性较强的地区更容易遭受灾害的影响，而生计脆弱性加重了该地区民众对当地资源的索取程度。生态资源的过度利用将诱发更大的灾害，再进一步加剧贫困程度，从而陷入灾害与发展落后的恶性循环。从脆弱性的角度可以发现，减灾与减贫是"你中有我，我中有你"的关系。通过减灾降低生态脆弱性，通过减贫降低农户的生计脆弱性，双管齐下，构建减贫减灾共同体，协同并进，减灾促进减贫，减贫兼顾减灾。

二、减贫与减灾的作用机制分析

通过减贫与减灾的关系机理研究可见，"灾害—贫困"存在相互作用的关系（见图5.4）。灾害本身是一种致灾因子，由于灾害和贫困的地理空间耦合性、低收入人口自身的脆弱性，灾害的发生使低收入人口返贫的风险加剧，贫困脆弱性增强，抗灾能力下降，低收入人群自然陷入"灾害—因灾致贫—贫困—资源依赖增加—过度开发—资源破坏—环境恶化—加大灾害发生隐患—贫困加剧"的恶性循环。

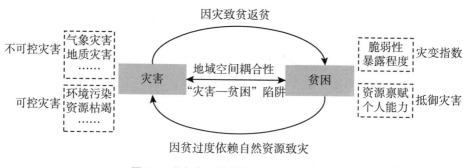

图5.4 "灾害—贫困"的相互作用关系

探究减灾与减贫之间的关系，从直接关系视角分析可以发现，减灾与减贫直接相关，通过减灾直接避免因灾致贫返贫。从间接关系视角分析可以发现，减灾有利于保护农户的物质资产、生计资产，保障农户收入稳定增长，间接实现减贫，并在减贫过程中融入减灾思想，防患于未然，实现高质量脱贫。从脆弱性关系视角分析可以发现，"减灾—减贫"协同并进将是我国推进乡村振兴、逐步实现共同富裕的可持续发展战略。

通过减灾过程来实现减贫，减贫又反作用于减灾，通过减贫和减灾措施切断"灾害—贫困"的恶性循环（见图5.5）。民众自身的脆弱性降低，"造血"

功能提升，抗灾能力增强，对资源（尤其是耕地资源、森林资源、草地资源等自然资源）的依赖性下降，减少对脆弱环境的干扰，通过自然生态修复，减少灾害隐患，在减贫与减灾的协同机制下，实现"减贫—减少资源依赖—环境保护—减少灾害隐患—减贫稳定性增强"的良性循环。因此，减贫和减灾相辅相成、相互作用、相互影响、相互渗透融合，处于一个协调与共生的环境之中。

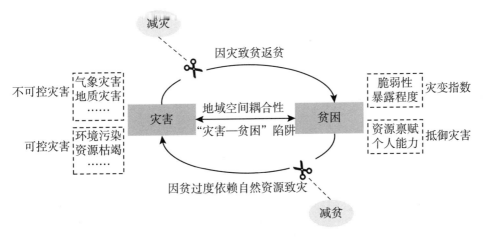

图5.5 "减灾—减贫"协同机制

对灾害及早发现、及早防治，在灾害发生时迅速做出有力反应，能最大限度地降低灾害给民众带来的损失；反之，若不重视灾害防控，即使其危害性不大，也可能造成巨大损失。因此，应将减贫与减灾作为一个整体，系统研究防灾措施、避灾措施、救灾措施、应急措施与减贫的作用机制，在减灾过程中实现减贫，基于减贫手段促进抗灾能力提升。探索减灾问题与减贫问题的社会衔接点（防灾工程有利于扶贫，扶贫措施有利于减灾，达到防灾与扶贫相结合），从而为构建以减贫为目标导向的减灾体系提供依据，阻断因灾返贫的生成渠道，实现减贫、减灾的双目标，达到事半功倍的效果。

三、现行减贫减灾的作用机制

（一）短期的救灾机制

从短期来看，及时的救灾机制尤为重要。及时的救灾机制能够迅速集中救援物资并搭建起安全网，最大限度地减少灾害造成的损失，更好地维护受灾地区民众的生命财产安全，从而降低其因灾致贫、返贫的风险，最终保障社会经济的稳定发展。

2013 年 4 月 20 日 8 时 02 分四川省雅安市芦山县发生里氏 7.0 级地震，导致雅安等 10 多个市州、100 余个县受灾。从图 5.6 来看，灾害发生后，不仅各级政府迅速成立了抗震救灾指挥部和工作组，周边的军队也立即启动了相应的应急预案，其他社会力量也参与救灾，包括志愿服务者和大量爱心人士。及时的应急响应集中了大量的人力、物力和资金（见表 5.1），并持续向灾区调度，在保障灾区民众生命安全的同时，也满足了其基本生活需求。

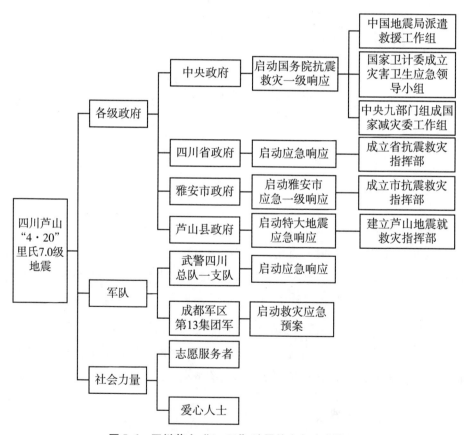

图 5.6　四川芦山"4·20"地震的应急响应情况

表 5.1 四川芦山"4·20"地震救灾人员、物资调配情况

部门机构	人员物资	部门机构	人员物资
中国地震局	组织国家地震灾害紧急救援队 200 人	武警四川总队一支队	派遣 1100 多名官兵
公安部消防局	调集消防官兵 2374 名、消防车 496 辆、搜救犬 11 只	成都军区第 13 集团军	派出抢险救灾指战员 2120 名，救护车、挖掘机、装载机共 173 台，直升机 4 架
国家中医药管理局	派出 60 多名中医专家	雅安市指挥部	组织市内 59 支医疗救援队和 705 位救援人员
国家矿山应急救援队等 16 支救援队	派遣 300 余民救援人员	雅安市交通运输系统	先后约 2000 多人投入道路维修工作中
四川省抗震救灾指挥部	派出由公安消防人员、卫生人员、武警等近 2000 人组成的救援队伍	中国红十字会成都备灾救灾中心	调拨帐篷 500 顶
四川省民政部门	调动帐篷 1 万顶、棉被 2 万床、折叠床 2 千张	四川省卫生厅	在成都储备床位 2200 余张，重症护理床位 100 余张

资料来源：根据《人民日报》，2013 年 4 月 21 日第 002 版、003 版整理。

（二）中期的灾后重建机制

从中期来看，要实现灾后重建机制与脱贫攻坚的良性联动。在高质量推进灾区恢复重建和发展提升的同时，应以地区绿色发展和脱贫奔康为目标，通过灾后重建助力乡村发展，继而推动我国向共同富裕迈进。

四川省九寨沟县属典型少数民族地区、边远山区、革命老区，2020 年以前是"三区三州"深度贫困地区之一。2017 年"8·8"地震造成以九寨沟景区为核心的九寨沟县农村房屋、基础设施等受到不同程度的破坏，以旅游为主导的服务产业基本停滞，地区生产总值比 2016 年减少 14241 万元，原定于 2017 年底"退出摘帽"计划推迟到 2018 年底。地震发生后，物质资产、人力资产和自然资产均受到直接损害。其中，物质资产受损后，人们的生活状况明显下降，为了维持生活，贫困居民必须将其他资产（尤其是金融资产）转化

为物质资产，但由于其他资产的极度匮乏，短期内其贫困程度大幅加深。因此，做好灾后重建与脱贫攻坚工作，事关九寨沟县长远发展和民生大计，事关民族团结和社会稳定，事关与全省全国同步全面实现小康。2018年，九寨沟地震重灾区（包括阿坝州九寨沟、松潘和若尔盖三县）坚定以习近平新时代中国特色社会主义思想为指导，依据《"8·8"九寨沟地震灾后恢复重建总体规划》和《九寨沟县决战脱贫摘帽实现全域奔康实施方案》，在高质量推进灾区恢复重建和发展提升的同时，以民族地区绿色发展脱贫奔康为目标，通过借力灾后重建，助推脱贫攻坚，实现了二者的有机融合。

"8·8"九寨沟地震恢复重建是四川省委、省政府首次提出"省统筹指导，灾区州县作为主体，灾区群众广泛参与"重建模式的一次创新实践，给予了灾区充分的自主权。在灾后重建启动后，一是组建核心班子统筹领导，成立"8·8"九寨沟地震灾后恢复重建委员会，下设重建办和13个专项小组，坚持重建工作月研究、周调度，高效推进各项工作，先后争取四川省和阿坝州52项行政审批权力下放至县级，大大缩短了重建项目审批时限，第一时间解决了重建过程中面临的困难和问题；二是建立五项工作制度压实责任，即建立"项目管理、项目推进、重建政策落实、工作目标考核、工作责任追究"五项工作制度，制定总体规划实施方案、重建政策措施细化方案和2018年实施计划、2019年实施计划（"两方案、两计划"），出台项目实施管理办法和资金管理、预算评审、工程质量管理实施细则（"一办法、三细则"），确保了工作有重点、推进有方案、问效有主体、追责有对象；三是创新五项工作机制推进项目，聚焦灾后恢复重建项目建设、监管要点难点，建立项目要件"并联审批+主动服务+包干办理"、项目审查"空间规划+生态文明"两个"漏斗"、项目推进"领导包项+片区指挥+行业负责"、项目建设"工程总承包+全过程质量管理"、项目监管"廉洁细胞工程+全过程跟踪审计"五项机制，涵盖项目立项、建设、验收各个环节，实现了高效、安全、廉洁。"8·8"九寨沟地震恢复重建工作体系见图5.7。

"8·8"九寨沟地震灾后重建根据中国地震局发布的地震烈度分布图，参考灾害损失与影响评估情况，结合灾区实际，将受灾区域划分为一般灾区、重灾区和极重灾区，涉及包括阿坝州九寨沟县、若尔盖县、松潘县和绵阳市平武县，共计18个乡镇，面积9223平方千米，2016年末总人口88983

人（见表5.2）。

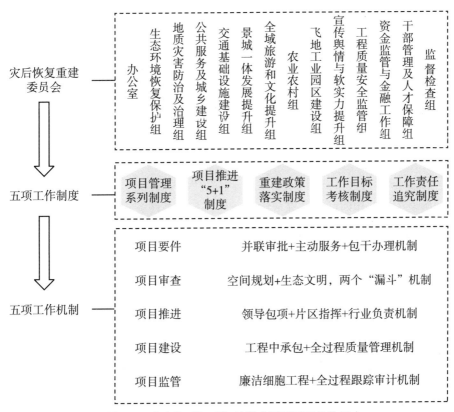

图5.7　九寨沟"8·8"地震灾后重建工作体系

表5.2　　　　　　　"8·8"九寨沟地震灾后重建规划范围

市（州）	乡镇 （个）	面积 （平方千米）	人口 （人）	地震烈度	灾情等级
阿坝州	九寨沟县漳扎镇（1）	1349	13087	IX	极重灾区
	九寨沟县马家乡、陵江村、黑河乡、太录乡（4）	2442	9155	VIII	重灾区
	九寨沟县南坪镇、白河乡、双河镇、保华乡、罗依乡、勿角乡、玉瓦乡（7）	1237	49253	VII	重灾区

市（州）	乡镇（个）	面积（平方千米）	人口（人）	地震烈度	灾情等级
阿坝州	松潘县川主寺镇、山巴乡、水晶乡、黄龙乡（4）	2082	12240	VII	一般灾区
	若尔盖县包座乡（1）	1328	3530	VII	一般灾区
绵阳市	平武县白马乡（1）	785	1718	VII	一般灾区
合计	18	9223	88983	—	—

资料来源：《四川九寨沟 7.0 级地震灾害损失与影响评估报告》。

确立了用三年时间基本完成灾后重建任务的总任务，最终实现生态环境自然美丽、灾害防治安全有效、旅游服务整体提升、人民生活显著改善、人与自然和谐发展的目标。根据资源环境承载能力综合评价，优化了重建地区的空间布局，为重建选址提供依据（见表 5.3）。在国家政策的大力支持下，由相关委员会统一领导，组织实施灾后重建工作。

表 5.3　　　　　　　　九寨沟"8·8"地震灾后重建空间布局

重建分区	面积（平方千米）	比例（%）
生态保护区	7512	81.44
旅游产业集聚区	76	0.83
农牧业发展区	1591	17.25
人口聚居区	44	0.48
合计	9223	100

经过灾后重建工作推进，九寨沟县逐渐补齐了脱贫攻坚短板，民生持续改善，灾后重建成效显现。从图 5.8 可知，在地震后九寨沟县经济总体呈现上升趋势，2020 年受疫情影响，增速下降为 3.3%，但仍然全年实现地区生产总值 30.69 亿元。

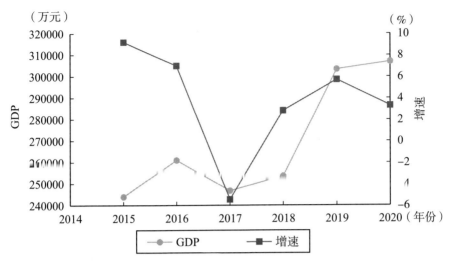

图 5.8　2015—2020 年九寨沟县经济增长情况

随着九寨沟县恢复重建项目全面实施，以固定资产投资拓宽农村剩余劳动力就业渠道，增加了就业机会，工资性收入增加，居民收入增长平稳，增收渠道不断增加，居民消费支出稳定增长，农村居民消费支出增长快于城镇居民，消费结构不断优化（见表5.4）。

表 5.4　　　　　　　　　　九寨沟县农村居民收入增长情况

指标名称	2016 年（元）	增长（%）	2017 年（元）	增长（%）	2018 年（元）	增长（%）	2019 年（元）	增长（%）
可支配收入	10787	10.57	11725	8.7	12866	9.73	14254.2	10.79
1. 工资性收入	4707	12.18	5074	7.8	5757	13.48	6341.43	10.14
2. 经营净收入	3940	11.46	4169	5.8	4462	7.01	5108.35	14.49
3. 财产净收入	998	3.96	1091	9.3	1149	5.28	1226.3	6.73
4. 转移净收入	1142	7.14	1391	21.8	1498	7.69	1578.11	5.36

资料来源：根据《九寨沟县 2019 年国民经济和社会发展统计公报》整理。

截至 2020 年 6 月 16 日，"8·8"九寨沟地震发生已近三年，以九寨沟县为实施主体的 111 个重建项目中累计完工 102 个、累计完成投资 28.37 亿元，基本完成灾后重建工作。九寨沟县围绕"建成推进民族地区绿色发展脱贫奔小康的典范"和"高质量""建成典范"要求，努力克服灾后恢复重建和脱贫攻坚双重任务带来的严峻考验，在全域旅游、就业增收、交通畅达、飞地经济、绿色发展等五个方面取得良好成绩，发展基础进一步夯实，发展后劲进一步提升，开启了的九寨沟县全域奔康的"九寨路径"。

（三）长期的灾害预防机制

从长期来看，要注重灾害频发地区的预防预警机制的建立。对于滑坡、泥石流等能被现有技术手段监测的灾害，可以进行合理的灾前风险预警和灾后隐患排查。"救灾不如防灾"，相比于救灾，落实好防灾工作通常能够节省更多的资源，带来更大的经济效益，同时也能够有效避险，实现灾而不害，从而有效降低因灾致贫、因灾返贫的可能性。

为防治地质灾害，避免和减轻地质灾害造成的损失，维护人民生命和财产安全，促进经济和社会的可持续发展，国务院在 2003 年 11 月 19 日召开的第 29 次常务会议上通过了《地质灾害防治条例》，并于 2004 年 3 月 1 日起开始施行。《地质灾害防治条例》第十五条规定："地质灾害易发区的县、乡、村应当加强地质灾害的群测群防工作。在地质灾害重点防范期内，乡镇人民政府、基层群众自治组织应当加强地质灾害险情的巡回检查，发现险情及时处理和报告。"该《条例》规定了地质灾害群测群防制度，这也是我国农村地质灾害减灾防灾体系的重要组成部分。如图 5.9 所示，地质灾害群测群防体系由县、乡、村三级监测网络和监测点构成，每一级都各司其职，并形成了上下联动机制，使防灾工作得以有序、有效进行。

例如，2018 年 6 月 25 日 16 时 4 分，阿坝州国土资源局向九寨沟县发布地质灾害风险二级橙色预警。16 时 50 分，该县将预警信息传达至各乡（镇）干部和隐患点专职监测员。19 时，白河乡雨势逐渐加大。白河乡政府逐一对各村发出紧急通知，并做好紧急避让准备工作。西番沟泥石流隐患点监测员在巡查中发现沟内水量明显增加且泥沙增多，意识到有发生泥石流的危险，立即向太平村委会报告，村委干部果断组织预案划定危险区内的 32 户 141 名村民避险转移。20 点 50 分，白河乡太平村 4 组西番沟发生山洪泥石流灾害，泥石流规模约 1.2 万立方米。由于处置得当、避险及时，成功避险转移群众 32 户 141人，避免财产损失 720 余万元，且未造成人员伤亡（赵蕾，2018）。在这次灾害中，群测群防专职监测制度执行到位，监测员到岗到位、履职尽责，确保了顺利组织实施避险，保障了当地居民的生命和财产安全。

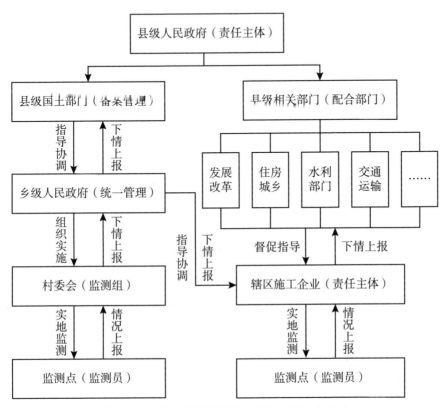

图 5.9　地质灾害群测群防体系及上下联动机制

资料来源：刘洪涛等，2018。

2017 年 6 月 24 日四川省阿坝州茂县叠溪村新磨村发生高位滑坡，65 户农房被完全淹没，导致重大人员伤亡、财产损失、资源环境被破坏，给区域群众的生存和发展造成威胁，加剧了其贫困程度。灾害发生后，国土资源系统积极响应，相关人员第一时间赶赴灾害现场，为准确掌握灾害隐患点、有效预防次生地质灾害发生提供了翔实可靠的基础地质信息数据。此次灾情后，四川省共排查核实地质灾害隐患 42226 处，之后又通过实施规划层面的普查、汛期层面的隐患排查、治理层面的点上勘查大力"补课"，初步摸清了四川省地质灾害的分布状态，这为今后的防灾减灾夯实了根基（许强，2018）。

（四）宏观层面的协调发展机制

从宏观层面来看，社会、经济和环境的协调发展机制是实现减贫减灾的有效途径。经济增长与生态保护之间不是独立的，更不是互斥的，而是相互融合、相互促进的过程。党的十八大以来，随着生态文明建设上升为国家"五位一体"的战略布局，欠发达地区扶贫模式与生态环境治理的结合逐步受到重视。习近平总书记指出"绿水青山就是金山银山"，落实好生态文明建设不仅能从整体上增强欠发达地区对灾害的抵御能力，也能从根本上切断其因灾返贫的路径，保证我国脱贫成果的可持续性。

程欣等（2018）研究了生态环境、灾害和贫困之间主要的因果反馈关系，如"污染—疾病—贫困—污染""贫困—乱砍滥伐—植被破坏—水土流失—灾害频发—加重贫困""贫困—资源依赖—过度开发—资源破坏—环境恶化—加重贫困""环境恶化—气候变化—灾害频发—加重贫困—环境恶化"等（见图5.10）。在兼顾环保、减灾和减贫的系统性扶贫模式方面，绿色减贫以生态文

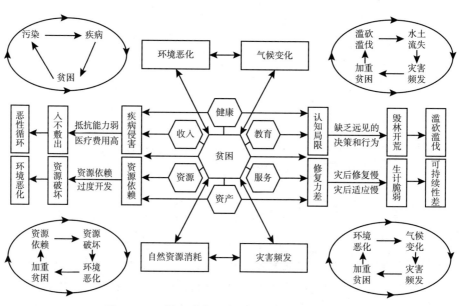

图5.10　环境—灾害—贫困主要的因果反馈关系

注：▢环境—灾害—贫困关联的核心影响因素；⬡多维贫困指数；◯环境—灾害—贫困主要的因果反馈关系。

资料来源：程欣等，2018。

明建设为宗旨，以人与自然和谐共生为基本方略，以绿色发展为理念，作为可持续性最强的精准扶贫模式，在减贫过程中实现了经济增长、社会治理和生态保护的协调与统一，成为欠发达地区实现乡村发展与可持续发展的重要路径（江书军等，2020）。我国幅员辽阔，各个欠发达地区的生态环境和经济情况差异较大，不同地区要根据自身的特色与优势，立足自身的资源禀赋条件，以绿色减贫为总方针，探索符合自身条件的脱贫路径。

我国在积极践行绿色减贫的进程中，已经涌现出了一批富有成效案例。例如，河南省淅川县作为国家扶贫开发工作重点县之一，由于地处南水北调中线核心水源区，其产业选择空间受到一定程度的挤压和限制，导致"有山不能养畜、有矿不能开采、有库不能养鱼"。近年来，淅川县立足特殊县情，秉承"生态立县，绿色脱贫"的理念，根据自身特点和环境优势，积极践行"两山理论"，变生态压力为转型动力，以绿色发展为主线，将水质保护与脱贫攻坚结合起来（《河南省产业脱贫攻坚研究》课题组，2019），探索出"短线"发展特色种养殖产业集群、"中线"发展特色林果产业集群、"长线"发展生态旅游等产业集群相融合的"短—中—长"生态经济可持续发展的绿色减贫模式，闯出了一条水源地贫困县精准扶贫的"绿色路径"，取得了良好的生态效益、经济效益和社会效益，脱贫成效显著（江书军等，2020）。

（五）中观层面的产业改善机制

从中观层面来看，欠发达地区要因地制宜发展产业，改善传统产业结构，减少对自然资源的依赖。在这方面，我国出台了易地扶贫搬迁等相关政策。易地扶贫搬迁作为精准扶贫的一项重要举措，在一定程度上斩断了灾害与发展滞后的"地域空间耦合性"，也为欠发达地区的新产业发展提供了基础条件。

由于地理位置和自然因素等原因，2020 年以前西藏地区贫困发生率高且贫困程度深，属贫中之贫、困中之困、坚中之坚。西藏地区的经济以畜牧业为主，然而随着牧区人口和牲畜数量与日俱增，该地区逐渐出现草地超载过牧的情况，导致生产力大幅度下降，并且草地沙化情况较为明显，连年的鼠虫害、雪灾等受灾面积也在不断增加，造成了"生态环境恶化—灾害频发—贫困加深—生态环境恶化加剧"的恶性循环。而西藏地区积极落实易地扶贫搬迁政策，不仅让牧区的劳动力流出牧区，从事其他非牧业活动，打破了单一化的产业结构，同时也减轻了牧区的草场压力，减缓了牧区生态恶化的步伐。

易地扶贫搬迁是在实践基础上探索出的一种扶贫路径，对脱贫攻坚有重要意义。如表 5.5 所示，过去几年里西藏一直在探索易地扶贫搬迁扶贫各种模式，包括产业配套型、小康安居工程型、荒地开垦型和生态补偿型（占堆等，2017）。每种模式均取得了良好的社会效应和生态效应，该地区 2016 年有 5 个贫困县区率先脱贫摘帽，2017 年有 25 个县区脱贫摘帽，2018 年再有 25 个县区脱贫，2019 年最后 19 个县区摘帽。截至 2020 年底，西藏已全面消除绝对贫困，全域实现整体脱贫。

表 5.5 西藏易地扶贫搬迁类型及成功案例

易地扶贫搬迁类型	搬迁地址	扶贫成果
产业配套型	拉萨市曲水县才纳乡四季吉祥村	截至 2017 年底，已搬迁入住 365 户，共计 1700 余人；该村通过产业聚集方式完成苗木繁育、藏药种植等众多项目，吸引总投资达 30 亿元，有效解决 2000 人就业
小康安居工程型	拉萨河畔的曲水县达嘎乡三有村	该村配套了奶牛和藏鸡养殖、药材种植等产业，让入住的群众有事干、能致富，仅奶牛养殖一项就带动了 83 人就业，月工资可达 2500 元，年底每户还有 3000 多元的分红
荒地开垦型	扎囊县扎其乡境内的德吉新村	2018 年，德吉新村有 180 户 779 人，其中农村劳动力 584 人。主要农作物有青稞、小麦、土豆等，总耕地面积 1400 亩，人均耕地 2 亩，林地面积 2902.8 亩；德吉新村已建设成为新农村示范点
生态补偿型	林芝安置点	参与此次搬迁的近千名农牧民取得了良好的脱贫致富效果；且其原居住地逐渐实现退耕还林，生态环境得到改善

资料来源：占堆等，2017。

（六）微观层面的内生动力激发机制

从微观层面来看，要激发群众的内生动力，应注重低收入人口的思维转变、能力建设和生计资产的积累，进而从个人和家庭层面提升抵御灾害的能力，同时降低其因灾致贫、返贫的可能性。通常来说，欠发达地区的农户会因为思想落后导致行为落后，最终导致返贫，所以农户的观念更新和思想转变是消除农户因自身原因返贫的关键。

一方面，地方政府要优化宣传教育引导机制，对农户开展相应的专业知识培训，创新人才培育机制，不断提升农户的知识水平、技能水平，改善农户的思想观念，提升农户的综合素质，增强农户自身的专业技能，这对防止返贫有着重要的作用。同时，健全农户激励机制，有效激发农户脱贫致富的主观性，让农户从思想上渴望脱贫致富才是关键（张诗瑶，2020）。另一方面，在灾害频发的地区，当地政府应组织居民进行应急避灾演练，至少每年一次；同时，加大对监测、防灾、救灾等知识的宣传，把宣传重点放在村组，提高群众知晓率，增强群众的地质灾害防治意识和自救、互救能力，充分发挥群众的主观能动性，把政府强制的被动抗灾转化为群众自觉的主动避灾。

第三节　减贫与减灾工作协同机制

一、减贫与减灾工作协同机制的影响因素

(一)"减灾—减贫"顶层政策制度设计

政府顶层政策制度设计是减贫与减灾工作协同机制运行的基础。虽然当前我国减贫、减灾方面取得了显著成就，"减贫—减灾"综合治理理念也提出多年，但是在具体的实践过程中，依旧是减贫与减灾"机械式团结"的状态，缺乏有效协调。我国目前存在的主要问题表现为在减贫运作体系中，对减灾的重视程度不足，且缺乏明确的专项条文，如扶贫开发纲领性文件《中国农村扶贫开发纲要（2011—2020 年）》中仅有一处提及"防灾减灾"，政府应加强针对"减灾—减贫"协同发展顶层政策制度的设计，从宏观层面为"减灾—减贫"指明发展道路，引导"减灾—减贫"协同机制的发展（Mottalcb et al.，2013）。

(二)"减灾—减贫"主体协同

"减灾—减贫"主体协作是减贫与减灾工作协同机制运行的根本。目前，减贫与减灾中主要存在的治理问题是主体性缺位及在减灾、减贫过程中缺乏减贫对象的参与，从而变成"减贫—减灾"治理者"自导自演的独角戏"（李小云等，2005）。也就是说，存在低收入人口"减贫—减灾"意愿不强，甚至出现治理者"求着脱贫"的情况。"减灾—减贫"主体主要分为政府、减贫减灾

对象、社会。"减贫—减灾"机制的有效运行需要政府及社会充分调动减贫减灾对象的主观能动性，唤醒其主人翁意识，促使减灾减贫对象主动减灾减贫。与此同时，政府应协同社会在思想、政策、经济、生产、生活、教育等方面给予减贫减灾对象支持，避免"输血式"支持，实现以减贫减灾对象为主，政府、社会为辅的主体协同机制。

（三）"减贫—减灾"机制协同

"减贫—减灾"机制协同是减贫与减灾工作协同机制运行的关键助推力。我国是人口大国，涉及"减贫—减灾"的政府部门众多，部门间的协作较易分散，从而出现"面子协同"，目标不一致的情况，使得"减贫—减灾"效率低下。然而，"减贫—减灾"作用机制间的协同作用尤为重要，所以应加快建立"减贫—减灾"信息共享平台，实现各机制间的信息共享，互联互通，破除"信息孤岛"困境，加强各机制间的沟通交流与协同管理，进一步实现整体统筹规划，合理配置各方资源。

二、"减贫—减灾"路径的协同机制

根据"坚持以防为主、防抗救相结合，坚持常态减灾和非常态救灾相统一，努力实现从注重灾后救助向注重灾前预防转变，从减少灾害损失向减轻灾害风险转变，从应对单一灾种向综合减灾转变"的新要求，减灾与减贫体制机制要以减贫统筹减灾，以减灾促进减贫为目标。从图 5.11 减贫与减灾的路径协同机制可见，防灾减灾机制与减贫、防返贫机制之间的协同发展、相互作用、联动实现的关系。

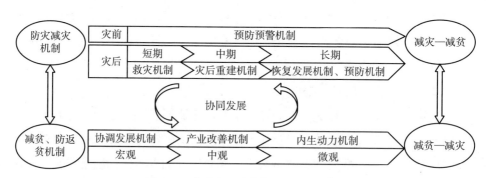

图 5.11 "减灾—减贫"路径协同机制

从"减灾—减贫"机制层面来看，在灾害发生前构建预防预警机制，阻止灾害的发生或者减少灾害对脆弱人群的影响，避免其因灾致贫或因灾返贫。在灾害发生后，立刻触发救灾机制，以保障受灾群众的生命安全。与此同时，在短期集中物资救援，迅速搭建起安全网，防止受灾群众因重大财物损失而陷入困境；在中期构建灾后重建机制，着眼于保障受灾群众的生计水平，融合减贫、防返贫机制，切实保障受灾群众平稳度过灾情；在长期构建恢复发展机制及应对脆弱性的预防机制等，注重灾后生态脆弱性及人力脆弱性，持续关注区域产业发展和个体的能力建设。各机制在不同时间尺度实现减灾，从而实现减贫。

从"减贫—减灾"机制层面来看，在宏观层面构建协调发展机制，以国家区域经济社会生态协调发展、整体增强灾害的抵御能力为目标，激发政府、减贫减灾对象、社会三大主体的主观能动性，保障国家配套体制政策的实施，引导减贫与减灾机制的运行；在中观层面，综合减灾机制，运行产业改善机制，促进欠发达地区及受灾地区因地制宜发展绿色产业，比如生态旅游、观光农业，改善产业结构，向着绿色可持续方向发展，减少对自然资源的过度依赖和破坏，发展长效绿色产业，保障产业机制的有效运行；在微观层面，着重开展内生动力机制构建，注重个人生计资产的积累和个人能力建设，从个人和家庭层面提升抵御灾害的能力，当增加个人发展路径、拓宽就业渠道，减少对自然资源的过度攫取，从而形成脱贫减灾的良性循环。将宏观、中观、微观层面的减贫机制嵌入减灾机制，在减贫的同时实现减灾，双向联动，相互实现。

三、"减贫—减灾"长效协同工作机制

从现有减灾与减贫机制出发，探究其内部工作协同模式。在"减贫—减灾"过程中激发减贫对象的主体能动性是关键。"减贫—减灾"不仅仅是政府的责任，需要政府、减贫减灾对象、社会共同努力，要坚持政府主导、多元主体参与相结合，明确各个主体的职能分工，构建多元主体的社会减贫减灾体系。政府进行宏观顶层政策制度调控，加大减贫减灾统筹能力建设，强化对各方资源的动员和协调；激发社会力量参与减贫减灾的活力，发挥社会力量在社会扶持、维护公平公正等方面的优势，并引入社会金融资金，保障"减贫—减灾"资金充裕，缓解财政压力，以保证"减贫—减灾"机制稳定运行；减贫减灾对象要动起来、干起来，提升减贫减灾的积极性和主动性，发挥发挥"主人翁"作用，靠自己的努力改变现状，使减贫减灾具有可持续的内生动力。减

灾分为灾前、灾中和灾后三个阶段，针对不同阶段特征，配套相应机制，围绕核心工作运转。灾前侧重于构建预防机制，灾中侧重于应急管理机制，灾后侧重于重建机制。在减灾机制运行的同时应考虑减贫，减贫需通过经济建设机制、沟通机制、社会保障机制、约束机制、激励机制等同步运行，减贫减灾统筹发展，协同并进。2017 年，国务院印发《政务信息系统整合共享实施方案》，强调要建立"物理分散、逻辑集中、资源共享、政企互联的政务信息资源大数据，构建深度应用、上下联动、纵横协管的协同治理大系统"。在"减贫—减灾"工作机制协同中，各机制间应实现信息传递，互联互通，从而制定最优战略规划。"减贫—减灾"长效协同机制如图 5.12 所示。

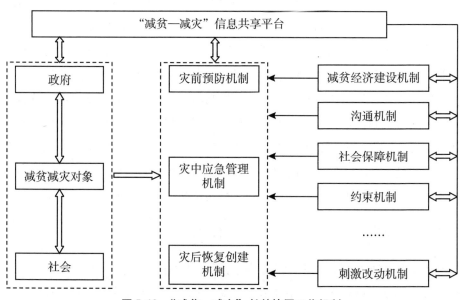

图 5.12　"减贫—减灾"长效协同工作机制

第四节　减贫与减灾机制研究的启示与政策建议

一、启示

（一）构建合理科学的减贫减灾机制需要进一步转变理念

减贫减灾两大领域的主管部门应加强协调合作，明确一个基本认知，即你中有我、我中有你。由此可从两个方面来提高减贫与减灾的协同性。一是减贫统筹减灾。中央政府在拟定政策以及制定战略规划时，要用生态理性取代经济理性，将减灾作为减贫体系的核心内容来看待，高屋建瓴地夯实防灾减灾在扶贫减贫中的重要地位（商兆奎等，2018），尤其是在中长期的扶贫规划中明确防灾减灾相关内容。而作为执行者的地方政府更要高度重视，在整体性视域下细化政策设计和制度安排，将防灾减灾作为推进减贫工作的重要推手之一，并列入常规工作内容。二是减灾统筹减贫。政府部门要树立"减灾扶贫"的理念，在防灾减灾能力建设过程中要主动探寻灾害问题与乡村发展两者之间的社会衔接点，构建以减贫为目标导向的新型防灾减灾规划体系，阻断因灾致贫返贫的生成渠道，规避灾害与发展落后恶性循环的怪圈，不断稳固和拓展扶贫减贫成果，为实现减贫与减灾"双赢"铺平道路。

（二）在减贫减灾工作中必须继续推进管理体制和机制改革

一是需要进一步完善政府组织机构。政府机构改革需要以"整合"为原点，以协同为形态，重塑组织架构，形成上下联动、左右联通的新型治理网络。二是需要对资源配置方式进行创新。在机构整合的基础上，减贫与减灾要建立起有效联动机制，推进资源供给和配置与减灾、减贫的无缝对接，减灾项目和资金运用要为减贫提供助力和支撑，而减贫项目和资金也要为减灾夯实物质基础，从而使减灾和减贫效益发挥到极致。例如，防灾减灾水利工程项目的立项和建设要以片区区域发展与扶贫规划和地区水利工程规划为基本依据，结合2020年以前的贫困村、贫困户的水利需求，尽可能实现项目效益到贫困村、到贫困户的理想状态。三是要建立部门机构间信息共享平台。对于减灾和减贫相关政府部门而言，要真正实现灾害数据系统和贫困数据系统的数据共享和统筹利用。四是需要建立健全减灾减贫的长效机制。灾害是人类需要长期面对的威胁，因灾致贫是大多数地区低收入人口产生的重要原因。灾害不会消失，但是贫困可以缓解和杜绝，这需要建立长期的灾害预防机制和因灾致贫的长效应对机制，为巩固拓展脱贫攻坚成果和推进乡村振兴提供有力的体制机制保障。

二、减贫与减灾机制建设的建议

（一）进一步健全和完善减贫与减灾的体制机制

减贫与减灾体制机制的完善是减贫与减灾协同治理的制度保障。纵观我国的扶贫历程，呈现出典型的阶段性特征，绝对贫困人口虽然已经在 2020 年底全面消除，但低收入人口在一定时期还将继续存在。今后因灾致贫将成为低收入人口产生的重要原因，通过防灾减灾避免致贫返贫和解决低收入人口问题将成为今后乡村发展工作的重点，"减贫—减灾"协同并进将是推进乡村振兴、加快乡村高质量发展、实现共同富裕的重要保障。

在"减贫—减灾"体制机制构建方面，一是我国的减贫政策中存在减灾内容失位的问题，从中央制订的《中国农村扶贫纲要（2011—2020 年)》到地方制订的扶贫开发规划中，很少提及减灾相关内容，在扶贫过程中对于防灾减灾的重视程度不足；二是我国的减灾政策体系中亦存在减贫内容失位的问题，从部门设置来说，减贫与减灾也存在着疏离的现象，国家减灾委员会是我国统领减灾的最高领导机构，机构里面设置了包括中央宣传部、国务院办公厅、外交部、发展改革委、教育部、科技部、工业和信息化部等 37 个部门，但是缺少有关扶贫的相关部门。重新思考减贫与减灾如何更好地协同或许是未来发展的一个方向。

从宏观层面来讲，减贫与减灾要持续坚持党的集中统一领导，进一步完善政府组织机构。政府机构改革需要以"整合"为原点，以协同为形态，重塑组织架构，形成上下联动、左右联通的新型治理网络。今后政府仍然是减贫与减灾的主导力量，各级政府要转变理念，明确减贫与减灾其实是一个休戚与共的整体，中央和地方政府在制定减贫的战略规划和政策时要将减灾作为减贫体系的一个重要内容来看待，尤其是在制定中长期扶贫规划时要明确防灾减灾相关内容，同时在防灾减灾建设中也要体现减贫亦能减灾的思想，将减贫导向植入欠发达地区灾前、灾中和灾后全过程之中。国家要构建以减贫为目标导向的新型防灾减灾体系，阻断因灾致贫返贫的生成渠道，避免陷入"灾害—贫困"恶性循环的怪圈，通过巩固和拓展减贫成果，实现减贫与减灾"双赢"。

从中观层面来讲，一方面，要注重资源开发与生态环境保护的协调发展，欠发达地区一般都处于生态环境恶劣的地区，尤其是 2020 年以前的深度贫困地区的生态脆弱性尤为突出。这些地区中的大多数位于西北草原荒漠化防治区、重要森林生态功能区、西南石漠化防治区、青藏高原江河水源涵养区等，普遍存在着生态系统脆弱、土地贫瘠、地质灾害高发、水土流失严重、水旱灾害频发等生态危机。同时，这些地区通常也是我国重要的资源富集区，这就需要在资源开发的过程中注重与生态环境的协调发展，保证既能解决贫困，也能持续"致富"。另一方面，积极探索构建欠发达地区区域发展联动机制。2020年前的贫困区域主要集中在全国14个集中连片特困地区，而这些地区往往位于省市边界交汇之处。区域协同发展的一个重要前提就是要建立区域间政府的协作机制，通过政府自身改革来破除行政壁垒，保证市场要素正常流动，进而形成统一开放、竞争有序的新格局。各省（自治区、直辖市）要建立省级层面的区域政府管理协调机构，构建县市级管理协调机构，使信息、资金充分共享和流动。

从微观层面来讲，随着扶贫的目标从精准脱贫向持续减贫转变，绝对贫困向乡村振兴转变，需要构建解决低收入人口问题的政策体系，包括贫困标准的重新设定、城乡一体化扶贫体制的建立、财政资金支出结构的优化等方面，注重激发低收入人口的内生发展动力，提升个人和家庭的环境保护意识，重新定位生态移民战略，转变多地政府存在的"重扶贫、轻致富"的思想，让搬迁安置与搬迁后的就业和发展有效衔接；在进行"生态移民"规划时，不仅要考虑迁出地的资源重组、生态修复、政策调整等因素，也要考虑迁出地的资源利用、产业发展、基础设施、公共服务等方面的因素，制定和实施相应的政策来保障迁入后的持续发展。

（二）顺应时代要求，构建科学的减贫与减灾机制

纵观历史，我国在减贫和减灾方面都作出了巨大的贡献，各种减灾减贫机制逐渐完善，低收入人口大幅度减少，灾害治理能力显著提高，我国减贫减灾成就举世瞩目。以世界银行每人每天生活费不低于1.9美元的贫困标准来衡量，我国极端贫困人口的比例从1990年的66%下降到2016年的0.5%。2020年底，在我国现行标准下，农村贫困人口全部脱贫，我国的减贫成就在很大程度上推动了全球扶贫工作。在减灾方面，我国有效应对了各种重特大自然灾害，如近年来发生的四川芦山地震、九寨沟地震和云南鲁甸地震，"威马逊""尼伯特""莫兰蒂""天鸽"台风，江苏盐城龙卷风冰雹，四川茂县新磨村特大山体滑坡，江南、华南、西南等地的洪涝和地质灾害；以及2020年新冠肺炎疫情。

减灾与减贫具有直接关系，灾害的降低可直接减少因灾致贫及因灾返贫的风险。此外，减贫与减灾之间也存在间接关系，灾害对受灾地区的经济增长及生计具有重大影响，通过减灾，保障财产安全，保证减贫对象身心健康，进一步实现收入稳定。在居民可支配收入增加的情况下，加大教育等人力资本投资，从而实现更多的财富增长，最终实现高质量减贫。从脆弱性视角探究，减灾可降低生态脆弱性，提高减贫主体的抗风险能力，进一步保障低收入群体持续增收的能力。减贫可降低农户的生计脆弱性，减少减贫主体对生态环境的过度利用。由此可见，减贫与减灾是相互作用的共同体。

在巩固拓展脱贫攻坚成果、推进乡村振兴的新时期，应从长、中、短期和宏观、中观、微观层面构建减贫与减灾之间的作用机制，包括短期的救灾机制、中期的灾后重建机制、长期的灾害预防机制，以及宏观层面的协调发展机制、中观层面的产业改善机制、微观层面的内生动力机制。其中，短期的救灾机制能够最大限度减少灾害所造成的一系列损失，维护受灾地区人民的生命财产安全，从而降低其因灾致贫、返贫的风险；中期的灾后重建机制在一定程度上可助力当地的持续减贫，实现二者的有机融合；长期的灾害预防机制不仅能够节省更多资源，还能有效避灾，实现灾而不害，降低因灾致贫、返贫的可能性。宏观层面的社会、经济和环境协调发展机制要求以生态文明建设为基础，探索符合不同地区自身特点的绿色减贫路径；中观层面的产业改善机制使得部分欠发达地区打破传统的单一产业结构，逐步形成了有助于减灾和减贫的新型产业模式；微观层面的内生动力机制则注重激活民众的主观能动性，让欠发达地区的农户从转变思维模式、增强个人能力等方面消除因其自身原因返贫的可能性。

同时，我国减贫与减灾工作协同机制的影响因素主要包括"减贫—减灾"顶层政策制度设计、"减贫—减灾"主体协同和"减贫—减灾"机制协同。政府应加强针对"减贫—减灾"协同发展顶层政策制度的设计，从宏观层面为"减贫—减灾"指明发展道路，引导"减贫—减灾"协同机制的发展。在"减贫—减灾"主体协同方面，政府及社会应激发减贫减灾对象的主体意识，实现以减贫减灾对象为主，政府、社会为辅的主体协同机制。在"减贫—减灾"机制协同方面，应加快建立"减贫—减灾"信息共享平台，实现各"减贫—减灾"工作机制整体统筹规划，实现各方资源的有效配置。

第六章 对策建议

通过对近年来全国主要灾害的数据分析和样本调查，解析 2020 年以前灾害与贫困间的相互关系，充分了解灾害的空间分布、灾害的致贫规律，厘清减灾与减贫的作用机理，研究减灾与减贫相互融通、相互支持、相互协调的政策体系和作用机制，从而提出多灾害叠加影响下的减灾减贫、防灾防贫的对策和建议。

第一节 新时期贫困的主要特征

随着 2020 年底我国脱贫攻坚工作取得决定性胜利，在我国历史上首次实现了消除绝对贫困，贫困人口"两不愁三保障"全面实现，民众的医疗保障、社会保障、公共服务保障日趋完善，今后贫困将呈现出一些新特征，主要体现在以下几个方面：

一是乡村发展工作重心转移到全面推进乡村振兴。脱贫攻坚的总体目标实现后，我国绝对贫困得以消除，贫困类型从绝对贫困转变为相对贫困，巩固拓展脱贫攻坚成果同乡村振兴有效衔接，解决低收入人口和欠发达地区乡村发展问题将是今后乡村工作的重心。

二是自然灾害是制约乡村发展的主要因素。在脱贫攻坚阶段，自然灾害是重要的致贫返贫原因之一。根据国务院扶贫办 2015 年的调查结果显示，当时全国农村贫困人口中因灾致贫率达到 20%，因灾致贫成为贫困的第二大影响因素。同时，自然灾害也是导致返贫的一个重要因素，据国务院扶贫办 2007 年的统计数据显示，我国农村每年因灾返贫的人数超过 1000 万，其中 70% 的返贫是由自然灾害造成的。精准扶贫补齐了绝对贫困问题的短板，在巩固拓展脱贫攻坚成果和实施乡村振兴的背景下，欠发达地区的社会经济将不断提升，自然生态环境持续好转，产业逐渐兴旺，教育保障有效阻断了贫困代际传递，其他致贫返贫因素基本解决。但由于自然灾害具有突发性、隐蔽性、不可控性、难监测、破坏力强和影响范围广等特点，今后自然灾害将是导致低收入人口产生和地区发展滞后的主要因素。

三是灾害致贫与承灾对象的承灾能力密切相关。同样的自然灾害在不同地区、对不同承灾对象所产生的影响不同，因灾致贫的风险也各异。承灾对象的承灾能力越强，因灾致贫的风险越低；反之，承灾对象的承灾能力越弱，因灾致贫的风险就越大。2020 年全国多地遭受洪涝灾害，我国东部地区由于社会经济相对发达，受灾群众自身承灾能力较强，抗灾能力强，灾后恢复重建能够较快完成，因灾致贫的风险较低；而在社会经济发展相对落后的中西部地区，由于受灾群众自身承灾能力较弱，抗灾能力不足，灾后恢复重建较慢，因灾致贫的风险较高。因此，提高受灾群体的抗灾能力也是解决因灾致贫的重要途径。

第二节　当前减灾减贫工作中存在的主要问题

一、多灾害叠加与乡村发展交织，因灾致贫返贫问题突出

一是多灾害叠加使致贫返贫风险加大。2020 年突如其来的新冠肺炎疫情对我国民众的生产生活和社会经济发展产生了巨大影响，在一定程度上增加了 2020 年如期脱贫的难度。2020 年 3 月，对四川省新冠肺炎疫情高、中、低风险地区的 9 个贫困县和 1 个非贫困县的低收入群体进行的调查发现，在国家和地方建立的防止返贫监测帮扶机制的作用下，虽未因新冠肺炎疫情影响出现致贫返贫现象，但低收入群体的非建档立卡边缘户和脱贫不稳定户中有 10% 的家庭因外出务工人员、务工时间减少和农畜产品销售受阻，造成家庭收入显著下降，存在较大的致贫返贫风险。2020 年 8 月 4 日，应急管理部网站发布的 2020 年 7 月全国自然灾害情况显示，各种自然灾害共造成 4308 万人次受灾，直接经济损失达 1170 亿元，是 2015 年全年自然灾害损失的 43%。一方面，灾害使受灾人口遭受直接经济损失，造成部分房屋损毁，给居住安全带来隐患；

另一方面，使部分受灾人员身体伤残，生命安全受到威胁。有的家庭因灾丧失了主要劳动力，甚至丧失生命，有的家庭外出务工人员不得不"回流"开展自救，使家庭收入降低，致贫返贫风险增大。例如，四川省黑水县、茂县、丹巴县等欠发达地区接连发生山洪泥石流灾害，造成区域致贫返贫风险明显增加。

二是多灾害叠加导致基础设施损毁和公共服务能力下降，成为灾后恢复重建面临的困难之一。很多地区由于灾害频繁发生，导致交通、电力、通信、饮水等基础设施和农田水利设施严重损毁，区域公共服务能力显著下降，生产、生活和社会秩序难以在短时间内恢复正常。有的地方因交通、电力、通信等中断而成为"孤岛"，给因灾致贫返贫人员的减贫带来巨大障碍，成为因灾致贫返贫人员脱贫的最大短板。特别是 2020 年前确定的 14 个集中连片贫困地区，其基础设施相对薄弱，公共服务能力不足，一旦因灾损毁，在较长时间内受灾群体很难依靠自身力量实现减贫减灾。例如，2020 年 6 月 17 日，四川省丹巴县山洪泥石流灾害导致河堤损毁约 32 千米，道路损毁约 22.46 千米，其中被冲毁的国道 350 线时至 2021 年 3 月底仍未恢复通车，在脱贫攻坚决战决胜的关键时刻，这对丹巴县脱贫攻坚工作产生了巨大压力。

二、欠发达地区的社会经济发展水平较低，抵御灾害的能力和减贫能力普遍不足

欠发达地区往往生态脆弱、自然灾害频发，低收入人口大部分以传统种养殖业为主，生存要素单一，收入结构不尽合理，资本存量有限，特别是由于多灾害叠加影响，一旦受灾陷入发展困境，单单依靠其自身恢复生产的能力，很难从摆脱这种境况。2020 年以前，"三区三州"和一些边远欠发达地区是脱贫攻坚的"难中之难，坚中之坚"，这些地区的社会经济发展水平落后，经济脆弱性强，难以承受灾害造成的危害。随着 2020 年底脱贫攻坚任务的全面完成，"三保障"的全面实施以及"兜底保障"覆盖范围和水平的进一步提升，在巩固拓展脱贫攻坚成果同乡村振兴有效衔接时期，因灾致贫返贫的问题将更加凸显。提升抵御灾害风险的能力，提升欠发达地区社会经济发展水平，构建和完善减灾减贫科学体系是未来乡村发展亟须解决的重大问题。

三、减灾和减贫协同互促方面还存在不足

一是灾害和乡村发展落后相伴相生，相互耦合，但减灾与减贫缺乏协同，对减灾与减贫的相互作用机制还缺乏深刻认识。灾害对国家、地区、家庭、个人等不同层面均产生短期或长期的冲击，会导致区域发展水平整体下降和低收入人口显著增加，尤其是对农村家庭。2020 年突如其来的新冠肺炎疫情与山洪、滑坡、泥石流等其他灾害相互叠加，导致致贫返贫风险增大，乡村发展问题更加复杂。灾害是影响区域整体协调发展的一个重要因素。世界银行行长戴维·马尔帕斯指出，新冠肺炎疫情可能导致 1 亿人重新陷入极端贫困，如果疫情持续恶化，致贫返贫率可能会更高。这些都说明了灾害与乡村发展密切相关，但在灾害治理和乡村发展的过程中，目前还未形成统一协调的机制，对灾害致贫的机理还缺乏足够的认识，通过减灾实现减贫、通过减贫促进减灾的体制机制还未完全建立。

二是减灾和减贫缺乏管理和信息联动机制。从目前的情况看，灾害问题主要属于自然资源和应急管理部门管理，2020 年以前减贫主要由扶贫部门负责，乡村发展由乡村振兴等部门负责，相关工作分属不同的部门。在实际工作中虽有协作，但没有更好地形成联动机制，相互之间协同性不足，没有形成工作合力。特别是，中西部地区对灾害和乡村发展的内在联系认识尚不充分，在灾害防止和乡村发展过程中，没有很好地将二者统一衔接。在灾害领域和扶贫领域均有各自较为完整的数据库，但两者之间没有实现数据共享和融合，没有将灾害大数据、扶贫大数据和空间大数据有机结合。因此，加强减灾与减贫部门管理与信息协调联动，建立减贫减灾大数据平台，完善减贫与减灾协调运行机制势在必行。

四、因灾致贫还缺乏有效的监测预警机制

在灾害防治方面，目前我国已经建立了较为完善的监测预警体系，坚持防灾、减灾、救灾相结合；注重灾后救助向灾前预防转变，从应对单一灾种向综合减灾转变，从减少灾害损失向减轻灾害风险转变，最大限度降低了灾害造成的损失。在 2020 年以前的贫困治理过程中，我国积累了丰富的治理经验，取得了举世瞩目的成就，特别是在精准扶贫工作中实施"五个一批"，有效地解

决了困扰贫困人口的"两不愁三保障"问题，通过构建科学合理的评价指标，实现了对边缘易致贫人口和脱贫不稳定人口的监控监测，有效防止了致贫返贫的发生，大大降低了致贫返贫的风险。但由于自然灾害的不可预测性、不确定性和不可控性，目前由灾害导致的致贫返贫还缺乏有效的监控和预警体系。此外，未将各类灾害发生频繁、危害性大的区域纳入灾害致贫的监控范围；对区域内可能成为低收入人口的群体，也尚未纳入监测对象；相关监测预警的体制机制目前尚未形成。

五、受灾群众心理危机预警及干预机制还需完善

自然灾害不仅造成生命财产、生产生活设施等直接损失，还会对民众造成心理恐慌、精神抑郁等间接影响。受自然灾害及其风险的冲击，创伤后应激障碍成为一种既常见又特殊的心理疾患。根据我国一项大型流行病学的研究显示，在正常状态下，创伤后应激障碍的发生率为 0.2%。但在灾害背景下，普通民众（成人）的发生率为 8%—82.6%，儿童及青少年的发生率为 1.3%—25.2%。可见，灾害对受灾群众造成的心理应激障碍等身心健康问题不容忽视。这些问题的产生会影响人们的身心健康，进而导致疾病，从而影响灾后恢复与减贫进程。

第三节　对　策　建　议

一、建立防减结合的防灾防贫机制

随着我国综合国力的提升和集中力量办大事的制度优势不断凸显，我国对灾害和贫困的治理能力大幅度提升。特别是 2020 年底脱贫攻坚的全面实施和如期完成，困扰中国人数千年的绝对贫困得以消失，但因灾致贫返贫还会在一定范围内长期存在，灾害防止和解决低收入问题的政策导向应当从减灾减贫向防灾防贫转变，预防优先，防减结合，转变重减灾轻防灾的思想，将防灾放在灾害治理第一位，通过防灾达到防贫目标。此外，要加强减灾与减贫的空间分布、风险防控等理论研究，为减贫与减灾部门提供防控决策依据，实现集中力

量将减贫减灾的大事办成办好，从而将因灾致贫返贫的风险降到最低。

二、提升欠发达地区的减灾减贫能力

第一，整合减灾减贫资金投入，形成合力，充分发挥金融减贫作用。一是加大对多灾地区的财政投入，促进产业结构调整升级，提升多灾地区的社会经济发展水平，增强多灾地区防灾减灾能力。二是激发欠发达地区家庭人员的自身动力，优化家庭收入结构，提高防灾和减贫能力。三是针对各种灾害，政府应建立御灾财政风险金，将其纳入财政预算，并制定风险金使用管理办法。四是建立保险、基金等御灾机制，健全社会参与，发挥金融减贫的作用。针对灾害频发地区，完善灾害补偿机制，发挥御灾保险的作用，填补自然灾害等不可抗力无保险的空白；动员社会力量参与，提高御灾保险覆盖面，对因灾致贫返贫人员给予及时的保险赔付，提升受灾低收入人口的减灾减贫能力。

第二，加强欠发达地区的基础设施建设，提升公共服务能力。一是协调多方力量，积极构建以减贫为目标导向的基础设施保障体系，保障基础设施、公共设施及基本公共服务体系的系统运行和维护。促使防灾、减灾、救灾各项措施"可联动、可把控、可实施"。二是激发受灾群众的活力，鼓励他们参与基础设施建设与维护的积极性、主动性和创造性，提升自救能力。三是加强生态修复与植树造林力度，完善生态补偿机制。改善或者平衡生态环境，提升自然生态系统的安全性和稳定性，加强生态系统自身抵抗自然灾害的能力，减少因环境破坏所导致的道路、通信及农田水利等生产生活设施因灾受损的风险。

三、建立减灾减贫协同互促机制

第一，针对灾害频发地区和欠发达地区高度耦合的特点，加强减贫减灾协调管理机制建设。可在国家层面做好减贫与减灾的顶层设计，将减贫与减灾相联系的工作功能放在一个部门，便于统筹协调管理，制定减贫与减灾的相关协同政策。通过政策保障，加强对灾害的预防和治理，通过减灾，避免因灾致贫，实现减贫先减灾、减灾促减贫、减贫助减灾。在减贫后，欠发达地区社会经济发展的提升也有助于进一步减灾，从而使减贫和减灾形成良性互动。

第二，按区域组建防灾防贫机构，建立信息平台和资源共享机制。根据我国灾害和欠发达地区所具有的区域性和空间耦合性特点，不同区域自然灾害发生的种类、形成环境都有其自身规律，不同灾害造成的影响和损失、因灾致贫的风险各不相同。因而，按区域建立减灾与减贫的信息平台和资源共享机制，将减灾防灾和减贫防贫协同起来，形成多维合力，有助于实现减灾与减贫的互促共赢。一是组建防灾防贫行政机构，建立综合协调机制。在多灾害欠发达地区，建立防灾防贫机构，从管理层面重建组织架构，实现职能的整合，通过综合管理机制和部门之间的有效协调来实现减灾与减贫的协同与联动。二是从减灾层面构建灾害致贫风险防范体系，将减灾作为防贫体系的核心。针对因灾致贫返贫问题，细化防灾防贫政策设计和制度建立，从社会层面构建以防贫为目标导向的新型防灾减灾规划体系，推动资源供给和配置与防灾防贫的有效对接，实现减灾为减贫提供助力和支撑，阻断因灾致贫返贫的生成渠道，巩固和拓展扶贫减贫成果。三是整合减灾与减贫信息资源，建立防灾防贫的信息平台。将现有的减灾信息平台与脱贫攻坚信息平台整合，构建新型防灾防贫信息平台，为解决低收入人口持续增收和欠发达地区乡村发展问题提供数据和平台支撑。

四、建立灾害与低收入人口的监测预警机制

一是加强灾害与低收入人口的监测与预警。在中西部地区，由于灾害与低收入耦合度高，加之社会经济相对落后，导致该地区因灾致贫返贫的风险较东部地区更高。中西部地区地质灾害尤为多发频发，需采取主动响应策略，加强灾害预警，保障乡村发展。具体来说，可充分利用各类灾害监测网点，借鉴精准扶贫成果，利用防灾防贫信息平台，监测灾害发生的时间、地点及危害与影响，同时精准识别可能因灾致贫返贫的人群，在灾前、灾中和灾后进行监控监测和干预，降低因灾致贫的风险。此外，要强化对脱贫不稳当户、边缘易致贫户的监测，对有返贫致贫风险的农户开展积极的帮扶救助，避免其返贫致贫。

二是制定不同的防灾防贫政策体系。灾害制约乡村发展，但是在不同地区，灾害发生的类型、时间以及灾害造成的损失各不相同，灾害致贫的风险也存在差异，因此，要针对不同区域，根据灾害特征和欠发达地区的实际情况，建立不同的防贫减贫政策体系。中西部地区地震灾害较多，可依据地质环境特征制定相应导则，在村镇规划、聚落选址及建筑设计中提高设防标准。江河流域由于洪涝灾害频发，可加强洪涝灾害监测预警，引导农户有效避灾抗灾。对

于华北地区的干旱灾害、西北地区及青藏高原常见的雪灾和冻灾，可根据气候变化规律，加强抗旱或防冻基础设施建设，利用土地和环境资源，避害趋利，补偿性调整和创建新型产业发展模式。

五、提高低收入人口自身防灾防贫能力

由于承灾能力不同，当遭遇灾害时，致贫返贫风险就存在较大差异，因此提高灾害多发频发地区可能受灾群体的自身抗灾能力，降低致贫返贫风险，是防灾防贫的重要举措。一是巩固脱贫成果，促进受灾地区民众持续增收。继续加强对扶贫产业、特色产业的扶持，让已有的产业见效益或持续产生效益；加强务工就业指导，增加就业渠道，提高家庭经济收入。二是有目的地选择抗灾农作物，降低因灾产生的损失。在易旱地区选择抗旱作物，在洪涝地区选择耐涝作物，避免因灾作物受损或绝收。根据易受灾地区特点，调整产业结构，将灾害产生的损失降到最低。三是利用 VR 虚拟技术对相关灾害场景进行虚拟重塑。鼓励群众亲身参与灾害情景体验，在虚拟现实状态下深入了解灾害的现象与本质，学习自救知识，增强防灾防贫意识，提高群众对突发灾害的抵御能力，同时锻炼人们应对灾害的心理素质。

参 考 文 献

［1］白增博. 新中国70年扶贫开发基本历程、经验启示与取向选择［J］. 改革，2019，310（12）：76–86.

［2］包智明，孟琳琳. 生态移民对牧民生产生活方式的影响——以内蒙古正蓝旗敖力克嘎查为例［J］. 西北民族研究，2005（2）：147–164.

［3］曾福生，曾小溪. 基本公共服务减贫实证研究——以湖南省为例［J］. 农业技术经济，2013（8）：4–11.

［4］陈善荣，董贵华，于洋，刘海江，温倩倩，陆泗进，罗海江. 面向生态监管的国家生态质量监测网络构建框架［J］. 中国环境监测，2020，36（5）：1–7.

［5］程欣，帅传敏，王静，李文静，刘玥. 生态环境和灾害对贫困影响的研究综述［J］. 资源科学，2018，40（4）：676–697.

［6］楚问. 推动国际交流合作提升社区防灾减灾救灾能力——"亚洲社区综合减灾合作项目"纪实［J］. 中国减灾，2018（7）：14–17.

［7］德国联邦公民保护与灾难救助局（BBK）. 公民保护中风险分析的方法（中文版）［Z］. 2010：12–21.

［8］邓小龙，李欲晓. 2013年中国热点事件及重点案例应对得失分析［M］. 北京：北京邮电大学出版社，2014.

［9］丁文广，魏银丽，王龙魁，米璇. 甘肃省环境退化、灾害频发及贫困之间的耦合关系研究［J］. 干旱区资源与环境，2013，27（3）：1–7.

［10］丁文广，冶伟峰，米璇，魏银丽. 甘肃省不同地理区域灾害与贫困耦合关系量化研究［J］. 经济地理，2013，33（3）：28–35.

［11］董碧娟. 中央财政全力保障扶贫资金投入［N］. 经济日报，2019–07–18.

[12] 董泽宇. 德国突发事件风险分析方法及其经验借鉴 [J]. 行政管理改革, 2013 (2): 56 - 61.

[13] 段金发, 邹乾友, 付松涛. 对抗震救灾应急卫星通信系统建设问题的思考 [C]. 中国通信学会卫星通信委员会、中国宇航学会卫星应用专业委员会. 第十六届卫星通信学术年会论文集, 2020: 310 - 316.

[14] 范勇, 尹可图. 国土空间规划视阈下乡村规划的思路转变与技术应对策略 [J]. 安徽农业科学, 2020, 48 (17): 250 - 252.

[15] 冯怡琳, 邸建亮. 对中国多维贫困状况的初步测算——基于全球多维贫困指数方法 [J]. 调研世界, 2017 (12): 3 - 7, 52.

[16] 高庆华. 中国自然灾害的分布与分区减灾对策 [J]. 地学前缘, 2003 (S1): 258 - 264.

[17] 高晓东, 刘思远, 钟秀玲, 胡必杰, 孙庆芳, 韩玲祥, 黄小强, 杜玲, 黄勋. 跌宕奋进30年中国感染控制1986 - 2016 [M]. 上海: 上海科学技术出版社, 2016.

[18] 公丕明, 公丕宏. 精准扶贫脱贫攻坚中社会保障兜底扶贫研究 [J]. 云南民族大学学报 (哲学社会科学版), 2017, 34 (6): 89 - 96.

[19] 龚伦, 刘辉, 于航霁. 农村基础设施建设减贫机理探析 [J]. 经济视野, 2017 (7): 64 - 65.

[20] 苟育海. 完善应急体系压实安全责任——推进巴州区应急管理工作的实践与思考 [N]. 巴中日报, 2020 - 09 - 11.

[21] 桂慕文. 中国现代水灾史及其启示下的治水对策 [J]. 农业考古, 2000 (1): 230 - 239.

[22] 郭熙宝. 论贫困概念的内涵 [J]. 山东社会科学, 2005 (12): 49 - 54.

[23] 国务院扶贫开发领导小组办公室. 挖出"贫根"植入产业精准脱贫 [EB/OL]. (2015 - 11 - 23) [2020 - 11 - 21]. http://www.cpad.gov.cn/art/2015/11/23/art_82_41424.html.

[24] 国务院扶贫领导小组办公室. 国务院扶贫办关于及时防范化解因洪涝地质灾害等返贫致贫风险的通知 [EB/OL]. (2020 - 6 - 30) [2020 - 12 - 21]. http://www.cpad.gov.cn/art/2020/6/30/art_46_182239.html.

[25]《河南省产业脱贫攻坚研究》课题组. 淅川县"短中长"生态经济

可持续脱贫攻坚模式及启示［N］.河南日报，2019-01-03.

［26］韩峥.脆弱性与农村贫困［J］.农业经济问题，2004（10）：8-12，79.

［27］洪大用.转型时期中国社会救助［M］.沈阳：辽宁教育出版社，2004.

［28］胡家琪，明亮.基于自然灾害的农村贫困效应研究——以广西西南TL村的水灾调查为例［J］.安徽农业科学，2009，37（28）：3885-3887.

［29］黄承伟，张琦，陆汉文.防灾减灾/灾后重建与扶贫开发相结合机制及模式研究［M］.北京：中国财政经济出版社，2012.

［30］黄承伟.脱贫攻坚伟大成就彰显我国制度优势［J］.红旗文稿，2020（18）：29-32.

［31］江书军，陈茜林.生态文明建设视阈下绿色减贫模式研究——以河南省淅川县为例［J］.生态经济，2020，36（7）：204-209.

［32］金鑫.当代中国应对自然灾害导致返贫的对策研究［D］.长春：吉林大学，2015.

［33］康小兰.汶川地震两周年，恢复重建奇迹［E/OL］.（2012-02-24）［2020-11-22］.http：//www.scio.gov.cn/ztk/xwfb/62/12/Document/1107894/1107894.htm.

［34］李伯华，李伯华，陈佳，刘沛林，伍瑶，袁敏，郑文武.欠发达地区农户贫困脆弱性评价及其治理策略——以湘西自治州少数民族贫困地区为例［J］.中国农学通报，2013，29（23）：44-50.

［35］李成.以项目实施为抓手推进各级救灾物资储备库建设［J］.中国减灾，2017，4（15）：16-17.

［36］李春根，戴玮.易地扶贫搬迁政策：演进、问题与应对［J］.财政监督，2019，（11）：20-26.

［37］李春根，陈文美，邹亚东.深度贫困地区的深度贫困：致贫机理与治理路径［J］.山东社会科学，2019（4）：69-73，98.

［38］李明山，谢保鹏，陈英，裴婷婷.基于双重差分模型的土地整治多维减贫效应研究——以天水甘谷县为例［J］.中国农业资源与区划，2020（6）：163-171.

［39］李文静，帅传敏，帅钰，程欣，刘玥.三峡库区移民贫困致因的精准

识别与减贫路径的实证研究 ［J］. 中国人口·资源与环境, 2017 (6)：136 –
144.

［40］李小云, 董强, 饶小龙. 农户脆弱性分析方法及其本土化应用 ［J］.
中国农村经济, 2007 (4)：32 – 39.

［41］李小云, 张雪梅, 唐丽霞. 当前中国农村的贫困问题 ［J］. 中国农
业大学学报, 2005 (4)：67 – 74.

［42］李小云. 论 2020 后农村减贫战略与政策：从 "扶贫" 向 "防贫"
的转变 ［J］. 农业经济问题, 2020 (02)：15 – 22.

［43］李寻欢, 周扬, 陈玉福. 区域多维贫困测量的理论与方法 ［J］. 地
理学报, 2020, 75 (4)：753 – 768.

［44］李燕芳. 自然灾害与应急管理研究 ［M］. 北京：经济日报出版社,
2017.

［45］李一鹏. 为气象人才科技创新营造良好环境 ［N］. 中国气象报,
2017 – 06 – 06.

［46］李玉恒, 武文豪, 刘彦随. 近百年全球重大灾害演化及对人类社会
弹性能力建设的启示 ［J］. 中国科学院院刊, 2020, 35 (3)：345 – 352.

［47］李玉恒, 武文豪, 宋传垚, 刘彦随. 世界贫困的时空演化格局及关
键问题研究 ［J］. 中国科学院院刊, 2019 (1)：42 – 50.

［48］李昭. 今年汛情灾情呈 "两超一多一少" 特点　四个 "坚持" 全力
防汛抗灾 ［E/OL］. (2020 – 08 – 13) ［2020 – 12 – 13］. http：//www. scio. gov.
cn/xwfbh/xwbfbh/wqfbh/42311/43459/zy43464/Document/1685373/1685373. htm.

［49］廖永丰, 赵飞, 王志强, 李博, 吕雪锋. 2000—2011 年中国自然灾
害灾情空间分布格局分析 ［J］. 灾害学, 2013, (04)：55 – 60.

［50］林霖, 陈楠, 张德卫. 生计资本与气象可持续减贫 ［J］. 气象与减
灾研究, 2018, 41 (4)：310 – 314.

［51］林霖, 王志强. 气象可持续减贫机制探讨 ［J］. 阅江学刊, 2018,
10 (5)：23 – 29, 143.

［52］刘畅. 中国蝗灾防治工作组在巴基斯坦举行新闻发布会　建议采用紧急
防控和长期治理相结合治理当地蝗灾 ［N/OL］. (2020 – 02 – 28) ［2020 – 10 – 07］.
https：//baijiahao. baidu. com/s？id = 1659750553708029481&wfr = spider&for = pc.

［53］刘洪涛，刘晓钦，韩梅东．群测群防专职监测在地质灾害防治中的作用［J］．四川地质学报，2018，38（02）：304－306．

［54］刘建平，陈文琼．"最后一公里"困境与农民动员——对资源下乡背景下基层治理困境的分析［J］．中国行政管理，2016（2）：57－63．

［55］刘兰芳，刘盛和，刘沛林．湖南省农业旱灾脆弱性综合分析与定量评价［J］．自然灾害学报，2012，11（4）：78－83．

［56］刘彦随，李进涛．中国县域农村贫困化分异机制的地理探测与优化决策［J］．地理学报，2017（01）：161－173．

［57］刘艳，秦锐．日本防灾减灾法律对策体制对我国的启示［J］．法律适用，2011（6）：115－117．

［58］刘艳华，徐勇．中国农村多维贫困地理识别及类型划分［J］．地理学报，2015，70（6）：993－1007．

［59］罗国亮．新中国减灾60年［J］．北京社会科学，2009（5）：73－79．

［60］吕娟，凌永玉，姚力玮．新中国成立70年防洪抗旱减灾成效分析［J］．中国水利水电科学研究院学报，2019，17（4）：242－251．

［61］民政部救灾司．党的十八大以来防灾减灾救灾工作取得辉煌成就［N］．中国社会报，2017－10－09．

［62］任林静，黎洁．生态补偿政策的减贫路径研究综述［J］．农业经济问题，2020（7）：94－107．

［63］商彦蕊．干旱、农业旱灾与农户旱灾脆弱性分析［J］．自然灾害学报，2009，9（2）：55－61．

［64］商兆奎，邵侃．减灾与减贫的作用机理、实践失位及其因应［J］．华南农业大学学报（社会科学版），2018，17（5）：24－31．

［65］沈金瑞．自然灾害学［M］．长春：吉林大学出版社，2009．

［66］施绍根，田琳．防灾减灾助力脱贫攻坚贵州灾后"穷则思变"剪影［J］．中国减灾，2018（17）：32－35．

［67］石扬令，常平凡，冀建峰．产业创新与农村经济发展［M］．北京：中国农业出版社，2004．

［68］史培军．三论灾害研究的理论与实践［J］．自然灾害学报，2002，11（3）：1－9．

［69］宋方灿．舟曲泥石流致 1435 人遇难 基础设施抢修进展顺利［E/OL］．(2010－08－22)［2020－08－22］．https：//www. chinanews. com/gn/2010/08－22/2482541. shtml.

［70］孙小杰．美丽乡村视角下农村人居环境建设研究［D］．长春：吉林大学，2015.

［71］谭浩．地震灾害救援应急管理协调机制问题与对策研究［D］．成都：电子科技大学，2019.

［72］王国敏．农业自然灾害与农村贫困问题研究［J］．经济学家，2005(3)：55－61.

［73］王红霞，辛永忠．中国近海地区地质灾害分类［J］．中国地质灾害与防治学报，1997(2)：68－72.

［74］王晟哲．中国自然灾害的空间特征研究［J］．中国人口科学，2016(6)：68－77，127.

［75］王曙光，王丹莉．中国扶贫开发政策框架的历史演进与制度创新(1949—2019)［J］．社会科学战线，2019(05)：24－31.

［76］王婷，袁淑杰，王婧．四川省水稻干旱灾害承灾体脆弱性研究［J］．自然灾害学报，2013(5)：221－226.

［77］王晓娟．大理州政策性农房地震保险试点减贫效应研究［D］．昆明：云南财经大学，2020.

［78］王秀娟．国内外自然灾害管理体制比较研究［D］．兰州：兰州大学，2008.

［79］王远燃，刘强，杨帆．土地整治助推精准扶贫的实践与思考——以湖北省恩施自治州五县市为例［J］．中国土地，2017(10)：39－41.

［80］王铮，夏海斌，田园，王魁，花卉，耿文均，田丽，郑保利，赵金彩．胡焕庸线存在性的大数据分析——中国人口分布特征的生态学及新经济地理学认识［J］．生态学报，2019，39(14)：5166－5177.

［81］温家洪，焦思思，涂家畅．管理极端事件与灾害风险 实现可持续发展——联合国减灾 30 年回顾［J］．城市与减灾，2019(6)：1－5.

［82］肖贵清，车宗凯．"大考"彰显中国特色社会主义制度优势——学习习近平总书记关于防控新冠肺炎疫情系列重要讲话精神［J］．马克思主义研

究，2020（5）：26－35，155.

［83］肖萍. 基于因子分析的湖南省贫困地区减贫效应实证研究［J］. 中国管理信息化，2019，22（17）：160－162.

［84］邢成举，葛志军. 集中连片扶贫开发：宏观状况、理论基础与现实选择——基于中国农村贫困监测及相关成果的分析与思考［J］. 贵州社会科学，2013（5）：123－128.

［85］徐捷，宫阿都，李京. 从汶川大地震看减灾国际合作［J］. 自然灾害学报，2008，17（6）：139－141.

［86］许强. 我省地质灾害防治形势、存在的问题与对策建议［E/OL］.（2018－05－09）［2020－12－14］. http：//www. sc. gov. cn/10462/c100033/2018/5/29/56269d65494e406a9dcb49443efc0936. shtml.

［87］许艳. 日本东北大地震对日本经济的影响及灾后重建问题分析［J］. 经济研究导刊，2011（25）：196－199.

［88］许源源，熊瑛. 易地扶贫搬迁研究述评［J］. 西北农林科技大学学报（社会科学版），2018，18（3）：107－114.

［89］闫峻. 我国林业生物灾害管理的经济学分析与对策研究［D］. 北京：北京林业大学，2008.

［90］杨浩，陈光燕，庄天慧，汪三贵. 气象灾害对中国特殊类型地区贫困的影响［J］. 资源科学，2016（4）：676－689.

［91］杨尽，向明顺，赵仕波，杨波，范涛，周舒，韩冰. 灾害损毁土地复垦［M］. 北京：地质出版社，2014.

［92］杨俊，向华丽. 基于HOP模型的地质灾害区域脆弱性研究——以湖北省宜昌地区为例［J］. 灾害学，2014（3）：131－138.

［93］杨溢. 农村气象防灾减灾体系建设的思考［J］. 科技创新导报，2019，16（28）：117－118.

［94］殷本杰，马玉玲，胡俊锋. 脱贫攻坚背景下我国减灾与脱贫协同关系研究［J］. 社会政策研究，2017（5）：74－88.

［95］占堆，李梦珂，鞠效昆. 西藏异地扶贫搬迁策略在农区的实践与牧区的困境［J］. 西藏大学学报（社会科学版），2017，32（4）：137－142.

［96］张宝军，马玉玲，李仪. 我国自然灾害分类的标准化［J］. 自然灾

害学报，2013，22（5）：8-12.

　　［97］张传洲. 相对贫困的内涵、测度及其治理对策［J］. 西北民族大学学报（哲学社会科学版），2020（2）：112-119.

　　［98］张大维. 集中连片少数民族困难社区的灾害与贫困关联研究——基于渝鄂湘黔交界处149个村的调查［J］. 内蒙古社会科学，2011，32（5）：127-132.

　　［99］张国培，庄天慧，张海霞. 自然灾害对农户贫困脆弱性影响研究——以云南禄劝县旱灾为例［J］. 江西农业大学学报（社会科学版），2010，9（3）：10-15.

　　［100］张宏伟，王玫珏，雒璇，郑方. 特色农业发展的气象应答［N］. 中国气象报，2019-01-25（002）.

　　［101］张钦，赵雪雁，王亚茹，雒丽，薛冰. 气候变化对农户生计的影响研究综述［J］. 中国农业资源与区划，2016（9）：71-79.

　　［102］张诗瑶. "后脱贫时代"防止返贫长效机制研究［J］. 农村经济与科技，2020，31（8）：216-217.

　　［103］张晓. 水旱灾害与中国农村贫困［J］. 中国农村经济，1999（11）：12-18.

　　［104］张效廉. 为全球减贫事业贡献中国方案［N］. 人民日报，2020-07-24.

　　［105］赵官虎. 中国减灾政策变迁与演进逻辑研究［D］. 兰州：兰州大学，2019.

　　［106］赵佳琛. 疫情防控彰显中国制度优势［J］. 前线，2020（7）：45-46.

　　［107］中华人民共和国国家统计局，中华人民共和国民政部. 中国灾情报告1949—1995［M］. 北京：中国统计出版社，1995.

　　［108］中华人民共和国国家统计局. 中国统计年鉴—2009［M］. 北京：中国统计出版社，2009.

　　［109］中华人民共和国国家质量监督检验检疫总局，中国国家标准化管理委员会. 自然灾害管理基本术语（GB/T 26376—2010）［S］. 北京：中国标准出版社，2011.

　　［110］中华人民共和国国家质量监督检验检疫总局，中国国家标准化管

理委员会．自然灾害分类与代码（GB/T 28921—2012）［S］．北京：中国标准出版社，2012．

［111］中华人民共和国国务院新闻办公室．人类减贫的中国实践［E/OL］．(2021 - 04 - 06)［2021 - 04 - 18］. http：//www. gov. cn/xinwen/2021 - 04/06/content_5597952. htm.

［112］钟开斌．日本灾害监测预警的做法与启示［J］．行政管理改革，2011（5）：39 - 43．

［113］钟文，种昌标，郑明贵．差别化土地整治助推精准扶贫的路径及减贫效应研究［J］．广东财经大学学报，2020，35（2）：93 - 102．

［114］周可兴．把防灾减灾融入"五大建设"的各方面和全过程［J］．中国减灾，2013（1）：15．

［115］周涛．国土空间规划体系下地质灾害评价［D］．兰州：兰州大学，2020．

［116］周扬，李寻欢，童春阳，黄晗．中国村域贫困地理格局及其分异机理［J］．地理学报，2021，76（4）：903 - 920．

［117］周扬，李寻欢．平原农区贫困地理格局及其分异机制——以安徽省利辛县为例［J］．地理科学，2019，39（10）：1592 - 1601．

［118］庄天慧，张海霞，杨锦秀．自然灾害对西南少数民族地区农村贫困的影响研究——基于21个国家级民族贫困县67个村的分析［J］．农村经济，2010（7）：52 - 56．

［119］庄天慧，张军．民族地区扶贫开发研究——基于致贫因子与孕灾环境契合的视角［J］．农业经济问题，2012，33（8）：50 - 55．

［120］邹其嘉．地震灾害预防工作必须加强［J］．国际地震动态，1990（11）：15 - 19．

［121］邹蔚然，向华丽，张婷皮美．地质灾害频发地区农户贫困成因分析——基于湖北省长阳县和秭归县的调研［J］．湖北农业科学，2016，55（4）：1056 - 1061．

［122］左停．十八大以来农村脱贫攻坚政策体系的完善与创新［J］．人民论坛，2017（30）：60 - 61．

［123］Adger, W. N. Social vulnerability to climate change and extremes in

Coastal Vietnam [J]. World Development, 1999, 27 (2): 249 – 269.

[124] Aptekar, L., Boore, J. A. The emotional effects of disaster on children: A review of the literature [J]. International Journal of Mental Health, 1990, 19 (2): 77 – 90.

[125] Arouri, M., Nguyen, C., Youssef A. B. Natural disasters, household welfare, and resilience: evidence from rural Vietnam [J]. World Development, 2010, 70: 59 – 77.

[126] Barbier, E. B. Poverty, development, and environment [J]. Environment and Development Economics, 2010, 15 (6): 635 – 660.

[127] Cao, M., Xu, D., Xie, F., Liu E. L., Liu, S. Q. The influence factors analysis of households' poverty vulnerability in southwest ethnic areas of China based on the hierarchical linear model: A case study of Liangshan Yi autonomous prefecture [J]. Applied Geography, 2016, 66: 144 – 152.

[128] Carter, M. R., Barrett, C. B. The economics of poverty traps and persistent poverty: an asset-based approach [J]. The Journal of Development Studies, 2006, 42 (2): 178 – 199.

[129] Carter, M. R. Poverty Traps and Natural Disasters in Ethiopia and Honduras [J]. World Development, 2007, 35 (5): 835 – 856.

[130] Cheng, X., Shuai, C. M., Wang, J. Li, W. J., Shuai, J., Liu, Y. Building a sustainable development model for China's poverty-stricken reservoir regions based on system dynamics [J]. Journal of Cleaner Production, 2018, 176: 535 – 554.

[131] Daily, G. C., Myers, J. P., Reichert, J. Nature's Services: Societal Dependence on natural ecosystems [M]. Washington DC: Island press, 1997.

[132] Dasgupta, S., Deichmann, U., Meisner, C., Wheeler, D. Where is the poverty-environment nexus? Evidence from Cambodia, Lao PDR, and Vietnam [J]. World Development, 2005, 33 (4): 617 – 638.

[133] Dercon, S. Assessing Vulnerability to Poverty [M]. Jesus College and CSAE, Department of Economics, Oxford University, 2001.

[134] Dercon, S. Growth and shocks: Evidence from rural Ethiopia [J].

Journal of Development Economics, 2004, 74: 309 –329.

［135］Fothergill, A., Peek, L. A. Poverty and disasters in the United States: A review of recent sociological findings ［J］. Natural Hazards, 2004, 32: 89 – 110.

［136］Gignoux, J., Menéndez, M. Benefit in the wake of disaster: Long-run effects of earthquakes on welfare in rural Indonesia ［J］. Journal of Development Economics, 2016, 118 (1): 26 –44.

［137］GPIG. 灾害风险管理与减贫——占巴寨例 ［R/OL］. (2010 – 11 – 27) ［2020 – 12 – 30］. http: //south. iprcc. org/#/casestudies/caseDetails? id = 359&fid = 231.

［138］GPIG. 加强基础设施建设，提高居民生活水平，促进农产业发展——国家开发银行支持斯里兰卡莫拉格哈坎达灌溉项目案例 ［R/OL］. (2019 – 11 – 26) ［2020 – 12 – 30］. http: //south. iprcc. org/# /casestudies/case-Details? id = 337&fid = 231.

［139］Günther, I., Harttgen, K. Estimating households vulnerability to idiosyncratic and covariate shocks: A novel method applied in Madagascar ［J］. World Development, 2009, 37 (7): 1222 – 1234.

［140］Gustafsson, B., Li, S. The structure of Chinese poverty ［J］. The Developing Economics, 1998, 36: 387 –406.

［141］Hagelsteen, M., Burke, J. Practical aspects of capacity development in the context of disaster risk reduction ［J］. International Journal of Disaster Risk Reduction, 2016, 16: 43 –52.

［142］Kahn, M. E. The death toll from natural disasters: The role of income, geography, and institutions ［J］. Review of Economics and Statistics, 2005, 87 (2): 271 –284.

［143］Leichenko, R., Silva, J. A. Climate change and poverty: Vulnerability, impacts, and alleviation strategies ［J］. Wiley Interdisciplinary Reviews: Climate Change, 2014, 5 (4): 539 –556.

［144］Liu, Y., Liu, J., Zhou, Y. Spatio-temporal patterns of rural poverty in China and targeted poverty alleviation strategies ［J］. Journal of Rural Studies,

2017, 52: 66 – 75.

[145] Mottaleb, K. A. , Mohanty, S. , Hoang, H. T. K. , Rejesus, R. M. The effects of natural disasters on farm household income and expenditures: A study on rice farmers in Bangladesh [J]. Agricultural Systems, 2013, 121: 43 – 52.

[146] Raddatz, C. Are external shocks responsible for the instability of output in low income countries? [J]. Journal of Development Economics, 2005, 84 (1): 155 – 187.

[147] Rayamajhee, V. , Bohara, A. K. Natural Disaster Damages and Their Link to Coping Strategy Choices: Field Survey Findings from Post-Earthquake Nepal [J]. Journal of International Development, 2019, 31 (4): 336 – 343.

[148] Rodriguez-Oreggia, E. , De La Fuente, A. , De La Torre, R, Moreno, H. A. Natural Disasters, Human Development and Poverty at the Municipal Level in Mexico [J]. Journal of Development Studies, 2013, 49 (3): 442 – 455.

[149] Sakai, Y. , Estudillo, J. P. , Fuwa, N, Higuchi, Y. , Sawada, Y. Do natural disasters affect the poor disproportionately? Price change and welfare impact in the aftermath of typhoon Milenyo in the rural Philippines [J] . World Development, 2017, 94: 16 – 26.

[150] Sawada, Y. , Takasaki, Y. Natural Disaster, Poverty, and Development: An Introduction [J]. World Development, 2017, 94: 2 – 15.

[151] Schmidtlein, M. C. , Shafer, J. M. , Berry, M. , Cutter, S. L. Modeled earthquake losses and social vulnerability in Charleston, South Carolina [J]. Applied Geography, 2011, 31 (1): 269 – 281.

[152] Smiley, K. T. , Howell, J. Disasters, local organizations, and poverty in the USA, 1998 to 2015 [J]. Population and Environment, 2018, 40 (2): 115 – 135.

[153] Srivastava, S. K. Making a technological choice for disaster management and poverty alleviation in India [J]. Disasters, 2009, 33 (1): 58 – 81.

[154] The World Bank. Poverty and Shared Prosperity 2018 Piecing Together Poverty Puzzle [M]. Washington, D. C. : World Bank Group, 2018.

[155] Watmough, G. R. , Atkinson, P. M. , Saikia, A. , Hutton, C. W. Understanding the evidence base for poverty-environment relationships using remotely sensed satellite data: An example from Assam, India [J]. World Development, 2016, 78: 188 –203.

[156] White, G. F. Natural Hazards [M]. Oxford: Oxford University Press, 1974.

[157] Zhou, Y. , Liu, Y. , Wu, W. Integrated risk assessment of multi-hazards in China [J]. Natural hazards, 2015, 78 (1): 257 –280.